"十二五"普通高等教育本科国家级规划教材

北京高等教育精品教材
BEIJING GAODENG JIAOYU JINGPIN JIAOCAI

高等学校计算机基础教育教材

大学计算机（第4版）

高敬阳 主编

朱群雄 卢罡 副主编

高敬阳 朱群雄 卢罡 姜大光 郭俊霞 尚颖 李芳 编著

清华大学出版社
北京

内 容 简 介

本书是"十二五"普通高等教育本科国家级规划教材,按照教育部高等学校大学计算机课程教学指导委员会以计算思维为切入点的计算机教学作为指导,在第1、2、3版的基础上,结合了近年来培养计算机思维为导向和理念的教学改革和实践经验,不断完善和更新而成。

主要内容包括:计算机与信息技术概述、信息在计算机中的表示、计算机硬件、计算机软件系统、计算机网络、计算机程序、数据与数据处理、常用办公软件和计算机应用实例的介绍。本书还有配套的《大学计算机实验指导(第4版)》及提供丰富教学资源的课程网站供使用。

本教材及其实验教材配有微视频,通过扫描二维码可以方便收看重点内容的讲解,实验教材的每一个实验均有对应的微视频展示实验过程和步骤。

本书可作为高等学校各专业大学计算机基础类课程的教材,也可以作为各类计算机培训班的教材和成人同类课程教材及自学教材。

图书在版编目(CIP)数据

大学计算机/高敬阳主编. —4版. —北京:清华大学出版社,2017(2023.8重印)
(高等学校计算机基础教育规划教材)
ISBN 978-7-302-48437-0

Ⅰ. ①大… Ⅱ. ①高… Ⅲ. ①电子计算机-高等学校-教材 Ⅳ. ①TP3

中国版本图书馆 CIP 数据核字(2017)第 220086 号

责任编辑:袁勤勇 薛 阳
封面设计:常雪影
责任校对:焦丽丽
责任印制:杨 艳

出版发行:清华大学出版社
    网   址:http://www.tup.com.cn,http://www.wqbook.com
    地   址:北京清华大学学研大厦 A 座   邮   编:100084
    社 总 机:010-83470000   邮   购:010-62786544
    投稿与读者服务:010-62776969,c-service@tup.tsinghua.edu.cn
    质 量 反 馈:010-62772015,zhiliang@tup.tsinghua.edu.cn
    课 件 下 载:http://www.tup.com.cn,010-83470236
印 装 者:北京国马印刷厂
经   销:全国新华书店
开   本:185mm×260mm   印   张:14   字   数:321千字
版   次:2005 年 8 月第 1 版 2017 年 10 月第 4 版 印   次:2023 年 8 月第 10 次印刷
定   价:39.90 元

产品编号:075975-02

《高等学校计算机基础教育规划教材》

编 委 会

前言

2013年5月,教育部高等学校大学计算机课程教学指导委员会发表了旨在大力推进以计算思维为切入点的计算机教学改革宣言。宣言指出,开展以计算思维培养为切入点的大学计算机课程改革将是大学计算机课程的第三次重大改革。以培养计算思维意识和方法为导向的教学改革,着眼于培养学生从本质上和全局上建立对于问题的解决思路,从而达到提高计算机应用水平的目的。计算思维的培养并不是要代替对于知识和能力的培养,相反,它与知识和能力培养融会贯通,呈现递进的关系。

按照大学计算机课程教学指导委员会最新指导要求,北京市优秀教学团队"北京化工大学计算机基础课群组"团队的老师们集体编写了《大学计算机(第4版)》这本教材和配套的实验教材。它是"十一五""十二五"国家级规划教材,在第1、2、3版的基础上,本次出版的第4版的显著特色是:

(1)第1章新增了更多的篇幅阐述计算工具产生演变的过程和各个时期的代表人物,意在培养学生对问题求解的探索热情和对计算机的浓厚兴趣。

(2)第2章是信息在计算机中的表示,包括数值信息、文本信息、多媒体信息在计算机中的表示,作为独立的一章,强化学生将计算机基础知识和计算思维有机融合。

(3)第6章是计算机程序,从问题求解入手讲起,增加了结构化算法应用案例及常用数据结构应用案例,案例是计算思维培养的有效载体,以案例出发培养学生的计算思维能力,为顺利过渡到后续的程序设计课程做好必要的准备。

(4)第7章数据与数据处理,这部分整合了上一版本数据库和多媒体两章中基础知识和重要的内容,本章特别增加了大数据、云计算、分布式计算等内容,开阔了学生的视野,为学生了解计算机应用发展前沿打开了一扇窗。

(5)保留了原有的Office一章,版本已经更新升级,内容缩减,为基础薄弱的学生提供学习这部分内容的途径。

全书共分为9章,主要内容包括:计算机与信息技术概述、信息在计算机中的表示、计算机硬件、计算机软件系统、计算机网络、计算机程序、数据与数据处理、常用办公软件使用和计算机应用实例。

本书重点内容配有微视频,通过扫描二维码可以方便收看,并配有实验指导书和提供丰富教学资源的课程网站。实验指导与之前版本区别较大,每个实验过程可通过扫描二维码方式收看微视频获得实验指导,资源网站(http://202.4.152.136/)有电子教案、实验素材、实验指导、CAI动画课件、自我测试题等供下载。

全书由高敬阳、朱群雄和卢罡主编。在原有版本的基础上参加编写和修改的人员有高敬阳、朱群雄、卢罡、姜大光、郭俊霞、尚颖、李芳和韩阳等，全书由高敬阳、卢罡统稿，由朱群雄审稿。

由于作者水平有限，书中难免有错误和不妥之处，恳请读者批评指正。

作者联系信箱：gaojy@mail.buct.edu.cn。

作　者

2017 年 5 月

目录

第1章

计算机与信息技术概述

1.1　计算机的发展

1.1.1　第一台计算机

1946 年 2 月 15 日，ENIAC(Electronic Numerical Integrator And Calculator，电子数字积分计算机)在美国宾夕法尼亚大学宣告研制成功。ENIAC 的诞生是计算机发展史上的一座丰碑，是人类在探索计算技术历程中达到的一个新高度。

ENIAC 共使用了约 18000 个电子管、1500 个继电器及其他元器件，价值几十万美元。它重达 30 吨，占地约 170 平方米，存放在 30 多米长的大房间里。这个"庞然大物"耗电量 150 千瓦，运算速度为每秒 5000 次加法或 400 次乘法。ENIAC 计算机由美国军工部门拨款支持研制工作，目的是用于分析炮弹轨道，是一台通用计算机。ENIAC 计算机如图 1-1 所示。

图 1-1　ENIAC 计算机

然而，真正意义上的世界上第一台电子计算机，却是由美国爱荷华州立大学的一位保加利亚裔的物理系副教授约翰·文森特·阿塔纳索夫(John Vincent Atanasoff)和一名研究生克利福特·贝利(Clifford Berry)一起研制的阿塔纳索夫-贝利计算机(Atanasoff-

Berry Computer,ABC)。ABC 是阿塔纳索夫为了解决求解线性偏微分方程组时大量繁杂的计算问题而研制的。此前,阿塔纳索夫已经萌生了运用数字电子技术进行计算的想法。1937 年阿塔纳索夫开始设计,1939 年贝利加入,1941 年 ABC 基本研制成功。

ABC 是电子与电器的结合:它有 300 个电子真空管执行数字计算与逻辑运算,使用鼓状电容进行数值存储,数据输入采用打孔读卡方法,采用了二进制。因此,ABC 的设计中已经包含了现代计算机中 4 个最重要的基本概念,从这个角度来说它是一台真正现代意义上的电子计算机。

但是由于种种原因,ABC 未受到人们的重视。1940 年 12 月,阿塔纳索夫与莫齐利偶遇。莫齐利了解了阿塔纳索夫的 ABC 之后,最终与埃克特、冯·诺依曼等人研制出了著名的 ENIAC,并申请了专利。1971 年起,兰德公司因专利问题将霍尼韦尔公司告上法庭。直到 1973 年 10 月 19 日,经过 135 次开庭审理后,美国明尼苏达地区法院给出正式宣判:"莫齐利和埃克特没有发明第一台计算机,只是利用了阿塔纳索夫发明中的构思。"并且判决莫齐利和埃克特的专利无效,理由是阿塔纳索夫早在 1941 年,就将他对计算机的初步构想告诉给莫齐利。

可以说,从 ABC 开始,人类的计算从模拟向数字挺进,而 ENIAC 标志着计算机正式进入数字的时代。

图 1-2　阿塔纳索夫与 ABC

1.1.2　计算机发展简史

1. 计算工具的发展

无论人们把世界上第一台电子计算机的称号给谁,计算机的出现都并非在一夜之间一蹴而就,而是经过了相关领域漫长的积累。技术的发展永远伴随着生产力发展的强烈需求,计算工具的发展演变也是如此。

早在远古时代,人们就开始用绳结、各种材料的算筹来计数了,而中国的算盘一直沿用至今。15 世纪后,随着天文、航海的发展,人们逐渐面对日趋繁重的计算任务,对新的计算方法和计算工具的需求也与日俱增。英国数学家奥特雷德基于当时流行的对数刻度尺发明了计算尺。18世纪末，瓦特出于计算蒸汽机相关数据的需要，成功制造了第一把名副其实的计算尺。计算尺不断发展演变，在我国"两弹一星"项目中立下了汗马功劳。

德国图宾根大学教授 W. 契克卡德(1592—1635) 31 岁时，为天文学家开普勒制作了一种机械计算机。1960 年，契克卡德家乡根据他的手稿复制了这台计算机，发现工作一切正常。只是由于种种原因，这台计算机没有得到推广，因此人们更多地还是记住了帕斯卡所制造的帕斯卡加法器。

目前人们普遍认为，第一台真正的计算机是著名科学家帕斯卡(B. Pascal)发明的机械计算机，即帕斯卡加法器。天才帕斯卡在 1662 年英年早逝，年仅 39 岁。诞生于 1971 年的程序设计语言——Pascal 语言，就是为了纪念帕斯卡而命名的。

基于帕斯卡的机械计算机的基本原理，大数学家莱布尼茨在 1674 年造出了一台更为先进的机械计算机。莱布尼茨的计算机加减乘除一应俱全，为将来风靡一时的手摇计算机奠定了重要基础。不久后，莱布尼茨又率先系统地提出了二进制运算法则，而即使是今天最先进的计算机，最本质的底层运算还是二进制计算。

为了提高编织机织布时编织图案的效率，1725 年，法国纺织机械师布乔(B. Bouchon)实现了通过"穿孔纸带"设定织布图案的想法。基于这种方案，另一位法国机械师杰卡德(J. Jacquard)采用穿孔卡片，大约在 1805 年完成了"自动提花编织机"的设计制作。虽然织布与计算看上去毫不相干，但通过穿孔卡片为织布机"输入"图案的思想，却是程序控制思想的萌芽。早期计算机的程序输入和输出，正是采用穿孔纸带和穿孔卡片。

面对错误百出的人工数学表，1812—1813 年间，查尔斯·巴贝奇(Charles Babbage)萌生了用机器计算数学表的想法。通过把数学表的复杂计算转化为差分运算，巴贝奇于 1822 年完成了第一台差分机，大大提高了计算数学表的准确度和效率。并且，巴贝奇从自动提花编织机获得灵感，使他的差分机可以按照设计者的意图，自动计算不同的函数。

图 1-3　查尔斯·巴贝奇与分析机(局部)

巴贝奇设计的第二台差分机零件众多，即使采用现代机械加工技术，要造出如此精密的机械也绝非易事，这导致第二台差分机历经 20 年也未能面世。当时已经是伯爵夫人的英国著名诗人拜伦的独生女艾达·奥古斯塔(Ada Augusta)，小时候就曾被差分机深深吸引。1842 年，27 岁的艾达成了巴贝奇科研上的合作伙伴。

在此之前，巴贝奇就已经萌生了更大胆的设想：他要设计一种"分析机"，它能够自动求解有 100 个变量的复杂算题，每个数可达 25 位，速度则达到每秒计算一次。他甚至还考虑如何使这台机器实现条件转移。由于巴贝奇已步入晚年,主要由阿达撰写介绍分析机的文字。阿达在一篇文章里介绍说:"这台机器不论在可能完成的计算范围、简便程度以及可靠性与精确度方面,或者是计算时完全不用人参与这方面,都超过了以前的机器。"为分析机编写函数计算程序的任务落在了阿达的肩上。由此,阿达开天辟地第一次为计算机编出了程序,其中包括计算三角函数的程序、级数相乘程序、伯努利函数程序等,成为公认的世界上第一位软件工程师。1981 年问世的编程语言 ADA,就是为了纪念艾达而命名的。

遗憾的是,艾达积劳成疾,于 36 岁早逝。巴贝奇的分析机大大超前于他们所处的时代,最终没能面世。但是,巴贝奇和艾达为计算机科学留下了极其珍贵的遗产,包括 30 种不同设计方案、近 2000 张组装图和 50000 张零件图,以及他们自强不息、奋不顾身的拼搏精神。

时光步入 20 世纪,人类社会迎来了电气时代。

1939 年,霍华德·艾肯(H. Aiken)获得了哈佛大学的物理学博士学位。在研究博士课题时,他经常需要求解非常复杂的非线性微分方程,因此希望能有一台计算机帮他解决数学难题。三年后,艾肯在图书馆发现了巴贝奇和艾达留下的关于分析机的珍贵资料,深受启发。之后,他说服了 IBM 公司的董事长沃森,得到了 100 万美元的资助。有了电气时代的技术基础和充裕的资金支持,艾肯和他的团队终于在 1944 年完成了由电流驱动的马克 1 号(Mark Ⅰ),并用于计算原子核裂变过程。

女数学家格蕾丝·霍波(G. Hopper)是为马克 1 号编制计算机程序的人之一。她后来还率先研制成功第一个编译程序 A-0 和计算机商用语言 COBOL。有一天,她在调试程序时出现了故障。经检查,她发现有只飞蛾被夹扁在继电器的触点中间,导致机器无法运行。于是,霍波诙谐地把程序故障统称为"臭虫"(bug)。从此,通过调试排除程序中的错误就被称为 DEBUG。

马克 1 号是世界上第一台实现顺序控制的自动数字计算机,它代表着自帕斯卡以来,人类所制造的机械计算机或电动计算机的顶尖水平。此后它运行了 15 年,编出的数学用表我们沿用至今。马克 1 号是早期计算机的最后代表。此后,人类社会跨入了电子时代。

回顾历史,数学计算的需求推动了 ABC 的问世,第二次世界大战中美国计算弹道的需求是 ENIAC 面世的动力,英国破译密码的需求催生了图灵参与秘密设计的、于 1943 年研制成功的 CO-LOSSUS(巨人)计算机⋯⋯包括现代最为先进的电子计算机在内,它们的背后都是悠悠历史长河中生产力发展驱动的产物,都是千百年来人类智慧和实践经验不断积累的结晶。

2. 图灵、图灵机、图灵测试

计算机科学中,阿兰·麦席森·图灵(Alan Mathison Turing,1912 年 6 月 23 日—1954 年 6 月 7 日)是一位不能不提的重要人物。图灵是英国数学家、逻辑学家,被称为"现代计算机之父""人工智能之父"。在获得了美国普林斯顿大学的博士学位后,图灵回到英国剑桥大学任教。第二次世界大战期间,他协助英国军方破解德国的著名密码系统 Enigma,帮助盟军取得第二次世界大战的胜利。图灵除了参与英国军方秘密研发

CO-LOSSUS 计算机外,最重要的成就莫过于提出了"图灵机"和"图灵测试"的概念。

1936 年,图灵发表了题为 *On Computable Numbers,with an Application to the Entscheidungs Problem*(论数字计算在决断难题中的应用)的论文,形成了"图灵机"的重要思想。图灵机并非一台具体的计算机,而是一种抽象的计算模型。它将人们使用纸笔进行数学运算的过程抽象化,由一部虚拟的机器替代人们进行数学运算。图灵机有一条无限长的纸带,纸带分成一个个不同颜色的小方格。有一个机器头可以在纸带上移动。机器头有一组内部状态,还有一些固定的程序。在每个时刻,机器头都要从当前纸带上读入一个方格信息,然后结合自己的内部状态查找程序表,根据程序输出信息到纸带方格上,并转换自己的内部状态,然后进行移动。图 1-4 为图灵与图灵机图示。

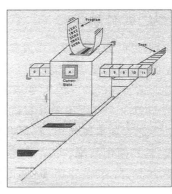

图 1-4　阿兰·图灵与图灵机

图灵机能够模拟所有计算,证明了通用计算理论,表明通过编写程序来实现任何计算的通用计算机是可能的,为现代通用计算机的实现奠定了坚实的理论基础。同时,图灵机蕴含了输入输出、存储程序、自动运行等现代计算机的主要架构,极大地突破了过去计算机器的设计理念。图灵也因此被称为"现代计算机之父"。图灵机模型理论是计算学科最核心的理论,因为计算机的极限计算能力就是通用图灵机的计算能力,很多问题可以转化到图灵机这个简单的模型来考虑。图灵机作为计算机的理论模型,在有关计算理论和计算复杂性的研究方面得到了广泛的应用。

1950 年,图灵发表了题为 *Computing Machinery and Intelligence*(计算机器与智能)的论文,提出了著名的"图灵测试",为人工智能科学提供了开创性的构思。简单来说,在图灵测试中,第三者同时向一台计算机和一个真人提问,但他无法看到、听到或摸到他们,只能通过文字得到他们给出的回答。如果通过一系列的问答,第三者无法辨别回答是人类的还是计算机的,则可以论断该计算机具备人工智能。1952 年,图灵谈到了一个新的具体想法,即如果在图灵测试中超过 30% 的裁判误以为在和自己说话的是人而非计算机,那就算作计算机通过了图灵测试。按照这个标准,在图灵逝世 60 周年之际的 2014 年6 月 8 日,俄罗斯的一个团队开发了名为 EugeneGoostman 的人工智能聊天软件,在伦敦皇家学会进行的测试中成功让 33% 的参与者相信它是一个 13 岁的男孩,成为有史以来首台通过图灵测试的计算机。这被认为是人工智能发展的一个里程碑事件。今天广泛应用于互联网的验证码技术,实际上就是一种反向的图灵测试。图灵的机器智能思想是人工智能的直接起源之一,图灵也因此被人们誉为"人工智能之父"。

图灵的同性恋身份不为当时的英国社会所接受,于 1954 年 6 月 7 日被发现死于家中的床上,床头放着一个被咬了一口的苹果。警方调查后认为是氰化物中毒,调查结论为自杀。为了纪念他在计算机科学中的卓越贡献,美国计算机学会(Association for Computer Machinery,ACM)于 1966 年设立"图灵奖",被公认为计算机科学领域的诺贝尔奖。

在包括霍金在内的多位著名科学家的不懈努力下,现代社会终于为图灵正名:2009 年 9 月 11 日晚,英国首相布朗代表英国政府向已经逝去 55 年的图灵作出了明确的道歉;2013 年 12 月 24 日,英国女王伊丽莎白二世签署对图灵定性为"严重猥亵"的赦免,并立即生效。2014 年 3 月 29 日,同性婚姻在英国合法化。

3. 电子计算机的发展简史

在电子计算机问世以后的短短几十年发展历史中,它所采用的电子元器件经历了电子管时代、晶体管时代、小规模集成电路时代、大规模和超大规模集成电路时代。按所使用的主要元器件分,电子计算机的发展主要经历了 4 个阶段。

(1) 第一代电子计算机——电子管计算机(1946—1957 年)

硬件方面,以电子管为基本逻辑电路元件,体积大、功耗大、性能差、价格高、速度慢(运算速度为几千次/秒),使用与维护都很困难;软件方面,使用机器语言、汇编语言,程序的编写、修改都很不方便,工作十分烦琐,基本是以科学计算为主,计算机的应用很不普及。

(2) 第二代电子计算机——晶体管计算机(1958—1964 年)

硬件方面,以晶体管为基本逻辑电路元件,计算机的系统结构也从第一代的以运算器为中心改为以存储器为中心,计算机的速度提高(运算速度为几十万次/秒)、体积减小、功耗降低、可靠性提高;软件方面,出现了高级程序设计语言,用"操作系统"软件对整个计算机的资源进行管理,提高了计算机的使用效率,计算机的应用从单一的计算发展到了工程设计、数据处理、事务管理和过程控制。

(3) 第三代电子计算机——中、小规模集成电路计算机(1965—1970 年)

硬件方面,采用中、小规模集成电路,使得计算机的体积进一步缩小,运算速度进一步提高(提高到每秒几百万次)、运算精度、存储容量以及可靠性等主要性能指标大为改善;软件方面,对程序设计语言进行了标准化工作,提出了结构化程序设计思想。产品的系列化有了较大发展,计算机得到迅速普及,也大大拓宽了其应用领域。

(4) 第四代电子计算机——大规模和超大规模集成电路计算机(自 1971 年开始)

硬件方面,采用大规模和超大规模集成电路,计算机性能得到进一步提高,运算速度可达每秒上亿次;软件方面,提出了面向对象的程序设计概念。这一时期微型计算机得到飞速发展和普及。

有关第五代计算机的设想,是 1981 年 10 月 19 日至 22 日在日本东京召开的第五代计算机国际会议上正式提出的。日本宣布要在 10 年内研制"能听会说、能识字、会思考"的第五代计算机,并投入大量人力和财力,但最终没有取得成功。

超大规模集成电路的广泛应用,使计算机在存储容量、运算速度和性能等方面都有质的飞跃。随着科学技术的不断进步,各种新的元器件不断被开发出来,人们正试图用光纤元件、超导元件、生物元件等代替传统的电子元件,制造出在某种程度上具有模仿人脑的学习、思维和推理能力的新一代计算机系统。计算机正朝着巨型化、微型化、网络化和智能化等方向发展。

另一方面,量子计算机也逐渐从理论设想变为现实。2007 年,加拿大计算机公司D-Wave展示了全球首台量子计算机"Orion(猎户座)"。2013 年 6 月 8 日,由中国科学技术大学潘建伟院士领衔的量子光学和量子信息团队首次成功实现了用量子计算机求解线性方程组的实验。

1.1.3 计算机的分类及其应用领域

1. 电子计算机的分类

电子计算机的种类很多,随着它的发展和新机型的出现,分类方法也在不断变化。

(1) 从工作原理上划分,可分为电子模拟计算机和电子数字计算机两大类。

模拟计算机是通过电流、电压等连续变化的物理量来进行计算的,运行速度快,抗干扰能力强。但由于受元器件质量的影响,导致其计算精度低,应用范围窄,目前已很少生产。

数字计算机是以数字电路为基础,用数字"0""1"来表示所有的信息,精确度高、通用性强,在各个领域得到广泛应用。

(2) 从用途上划分,电子数字计算机可分为专用计算机和通用计算机两大类。

专用计算机与通用计算机在效率、速度、结构、造价和适应性等方面有很大的区别。

专用计算机是专门针对某类问题而设计的计算机,用途单一、结构简单。因此,它能显示出最有效、最快速和最经济的特性。但它的适应性较差,不适合于其他方面的应用。

通用计算机适应性很强,而且应用面很广,但运行效率、运算速度和使用的经济性等因不同的应用场合会受到不同程度的影响。

(3) 传统上,通用计算机按其规模、速度和功能等又可分为巨型机、小巨型机、大型主机、小型机、工作站、微型机等 6 类。这些类型之间的区别在于其体积大小、结构复杂程度、性能指标、内存容量、运算速度等的不同。但是技术的发展日新月异,通用计算机在这些方面的发展变化很快,因此传统的分类方法有其时间上的局限性,实际上也很难用一个精确的标准为通用计算机划分类别。这里我们根据通用计算机的综合指标,结合其应用领域的分布,将通用计算机分为以下 5 类:

① 高性能计算机(High Performance Computer),即传统意义上的巨型机、超级计算机。它的运算速度快,每秒可执行几亿条指令,存储容量大,规模大且结构复杂,价格昂贵。目前国际上对高性能计算机的最为权威的评测是世界计算机排名 TOP500(www.top500.org),通过测评的计算机在世界上运算速度和处理能力均堪称一流。我国研制的"天河一号"超级计算机,于 2010 年在 TOP500 中排名第一;之后的"天河二号"计算机,于2015 年 11 月实现了 TOP500 的六连冠;2016 年 6 月,从硬件到软件完全由我国自主研发

的"神威·太湖之光"超级计算机再次荣登 TOP500 榜首。

② 微型计算机(Microcomputer)简称微机。大规模集成电路及超大规模集成电路的发展,使人们可以将计算机的众多部件集成在体积较小的芯片上,从而使计算机同时拥有较小的体积和较高的性能。目前微型计算机已广泛应用于办公、学习、娱乐等社会生活的方方面面,是发展最快、应用最为普及的计算机。我们日常使用的台式计算机、笔记本计算机、个人计算机(Personal Computer,PC)、智能终端设备等都是微型计算机的具体形态。

③ 工作站(Workstation)是一种高档的微型计算机,通常配有高分辨率的大屏幕显示器及容量很大的内存储器和外部存储器,主要面向专业应用领域,具备强大的数据运算与图形、图像处理能力。工作站主要是为满足工程设计、动画制作、科学研究、软件开发、金融管理、信息服务、模拟仿真等专业领域而设计开发的高性能微型计算机。需要指出的是,这里所说的工作站不同于计算机网络系统中的工作站概念。计算机网络系统中的工作站仅是网络中的任何一台普通微型机或终端。

④ 服务器(Server)是指在网络环境下为其他多个用户提供共享信息资源和各种服务的计算机,如 Web 服务器、FTP 文件服务器等。服务器上需要安装网络操作系统、网络协议和必要的网络服务软件。服务器通常具有高端的 CPU、大容量的内存和外存,但性能不及高性能计算机,主要为网络用户提供文件、数据库、应用及通信方面的服务,注重提供服务的安全性和系统长时间运行的稳定性。

⑤ 嵌入式计算机(Embedded Computer)是指嵌入到对象体系中,实现对象体系智能化控制的专用计算机系统。嵌入式计算机系统以应用为中心,以计算机技术为基础,并且软硬件可裁剪,适用于应用系统对功能、可靠性、成本、体积、功耗有严格要求的应用场景。它一般由嵌入式微处理器、外围硬件设备、嵌入式操作系统以及用户的应用程序等 4 个部分组成,用于实现对其他设备的控制、监视或管理等功能。例如,我们日常生活中使用的电冰箱、全自动洗衣机、空调、电饭煲、数码产品等都采用嵌入式计算机技术。

电子计算机的分类如图 1-5 所示。

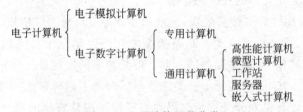

图 1-5 电子计算机的分类

2. 计算机的应用领域

计算机的应用非常广泛,已渗透到社会的各个领域,从国防、科研、生产,到学习、娱乐、家庭生活等,都涉及计算机技术。下面就其在科学计算、信息处理、过程控制、辅助系统、网络通信、人工智能等几个方面的应用加以叙述。

（1）科学计算

科学计算是计算机的传统应用领域，也是应用最早、最成熟的一个领域。今天，科学计算在计算机应用中所占的比例虽然不断下降，但是，在航天事业、新材料研制、气象预报、工农业生产、新技术领域探索等方面仍然占有重要的地位。例如，"天河一号"于2010年投入使用后，我国在航天、天气预报、气候预报和海洋环境模仿方面均取得了显著成就；2015年5月，"天河二号"成功进行了3万亿粒子数中微子和暗物质的宇宙学数值模拟，揭示了宇宙大爆炸1600万年之后至今约137亿年的漫长演化进程。

（2）信息处理

信息处理已经超过科学计算，成为最大的计算机应用领域。统计资料显示，世界上80%左右的计算机主要用于信息处理。从财务管理、情报检索、市场预测，到经营决策、生产管理、人事管理等，无不与信息处理有关。

（3）过程控制

生产过程的自动控制、实时控制是计算机应用中的又一广泛领域，其特点是反应灵敏、反应速度快、控制的精确度高。若用于生产过程控制，则能显著提高生产的安全性和自动化水平，提高产品质量，降低成本，减轻劳动强度。常见的应用领域有军事指挥、交通管理以及冶金、电力、机械、化工等部门。

（4）辅助系统

越来越多的工作可以由计算机辅助完成。下面列举几个主要方面进行简单介绍。

① 计算机辅助设计 CAD(Computer-Aided Design)利用计算机辅助各类设计人员直接在屏幕上绘图，加快设计速度，提高绘图的质量与精度。CAD技术广泛应用于机械、电子、航空、汽车、服装、建筑等行业，大大提高了设计效率，降低了失败设计导致的物理材料的损耗成本。

② 计算机辅助制造 CAM(Computer-Aided Manufacturing)是利用计算机系统进行生产设备的管理、控制和操作的过程。例如，在产品的制造过程中，用计算机控制机器的运行，处理生产过程中所需的数据，控制材料的流动，以提高产品的质量、降低成本、缩短生产周期。数控机床、生产流水线均是CAM的典型例子。

③ 计算机集成制造系统 CIMS(Computer Integrated Manufacturing System)是集设计、制造、管理三大功能于一体的现代化工厂生产系统，具有生产率高、生产周期短等特点，是21世纪制造工业的主要生产模式。

④ 计算机辅助教育 CBE(Computer-Based Education)是计算机在教育领域中的应用。用计算机软件制作、播放、演示的幻灯片、动画、音像材料等形式的课件早已在课堂中普及，各种在线考试系统也屡见不鲜。近些年，慕课是 MOOC(Massive Open Online Courses)的音译，即大型开放式在线课程，它的兴起彻底打破了学习的时间和空间的限制，使优质的教育资源可以被全世界不分种族、无论贫富的每一个人所分享，使信息社会要求人们所拥有的随时随地进行学习的理念得到进一步的落实，同时也冲击着传统教育模式，促使广大教育工作者探索新的教育方式。

（5）网络与通信

计算机技术与现代通信技术的结合构成了计算机网络。早在20世纪70年代，国外就已经有一批广域网投入使用。我国也在政府的统一规划下,先后开通了规模空前的国家经济信息网、教育科研网和公用数据通信网等。中国教育科研网 CERNET(China Education and Research Network)已与因特网相连,并把全国高校的校园网经地区网络中心与 CERNET 连接起来,这大大促进了高校的教学与科研工作。其他各类网站也如雨后春笋般不断涌现。智能终端的广泛普及,推动了移动互联网的发展。今天,人们已经几乎达到无时无地不在接入互联网的状态。

(6) 人工智能 AI

人工智能(Artificial Intelligence, AI)是计算机应用的一个前沿领域,是用计算机来模拟人的某些智能活动,使其具有学习、判断、理解、推理、问题求解等功能。AI 的研究方向主要包括模式识别、自然语言理解、知识表达、专家系统、机器人、智能检索等。如今 AI 的研究已取得不少成果,有些已走向实用阶段。1997 年 5 月 11 日,IBM 的超级计算机"深蓝"在正常时限的比赛中首次击败了人类国际象棋冠军加里·卡斯帕罗夫;北京时间 2011 年 2 月 17 日,IBM 的超级计算机"沃森"(Watson)在美国最受欢迎的智力竞猜电视节目"危险边缘"中,击败该节目历史上两位最成功的选手肯·詹宁斯和布拉德·鲁特,成为"危险边缘"节目新的王者。Watson 目前正在探索在更加广泛的领域服务于人类社会。继"谷歌大脑"通过学习成功识别了猫的图片后,深度学习技术在图像和音频的模式识别、自然语言理解等领域的发展突飞猛进,百度已实现了让计算机用自然语言来描述一幅图片。基于深度学习技术,AlphaGo 于 2016 年 3 月以 4:1 的比分战胜了韩国围棋职业九段选手李世石,更于 2016 年与 2017 年交汇之际,横扫各大围棋在线对战平台,打遍天下无敌手。2017 年 5 月 AlphoGo 以 3:0 战胜了中国围棋职业九段棋手柯洁。

1.2 信息技术

"……我们将利用各种不同的设施进行相互联络,包括一些看起来像电视机、像今天的个人计算机或像电话机的设置,有些东西可能与一个钱包的大小与形状相似。在它们的核心都将有一台功能强大的计算机,无形地与成百万的其他计算机连接在一起。

"不久的将来,会有这么一天,你可能不必离开你的书桌或扶手椅,就可以办公、学习、探索这个世界和它的各种文化,进行各种娱乐,交朋友,逛附近的商场,向远方的亲戚展示照片等。你不会忘记带走你遗留在办公室或教室里的网络连接用品,它将不仅仅是你随身携带的一个小物件,或你购买的一个用具,而是你进入一个新的、媒介生活方式的通行证。"

"……当明天的威力强大的信息机器与信息高速公路连通以后,人、机、娱乐以及信息服务都将可以同时接通。你可以同任何地点、任何想与你保持联络的人保持联系,你可以在成千上万的图书馆中的任一家图书馆阅读浏览,无论是白天还是夜晚,你丢失的或被盗窃的照相机将向你发出信号,告诉你它所在的准确位置,即使它处在一个不同的城市。你将可以在办公室里收听、回答你公寓中的内部通信联络系统,或者回复你家中的任何邮件⋯⋯"

以上是比尔·盖茨在 1995 年他所出版的《未来之路》一书中对未来人们生活方式的预言和描述。在本书编写之时,这些预言大部分已被实现或正被实现。

1.2.1 信息技术无处不在

以信息技术、互联网技术,以及移动互联网的广泛普及为基础,信息社会的发展已深深渗透到人们衣食住行的方方面面,深刻地改变着人们的生活方式,其中以电子商务的发展最具代表性和冲击力。如今,人们的购物行为已经可以突破商场、超市的时空限制,我们可以做到足不出户就购买到心仪的商品。小到衣服、零食,大到电器、汽车,都可实现随时随地在互联网中浏览、挑选、购买。在虚拟技术的帮助下,我们可以在线试穿所挑选的服饰、尝试各种不同的发型;O2O(Online To Offline)商业模式可以让我们轻松方便地享受到以前必须亲自到商家的门店才能享受的服务,如洗衣、汽车维护保养、外卖等等。这一方面为广大消费者提供了极大的便利,另一方面也拓宽了商家的销售渠道,同时催生了无数个体商户、促进了物流行业的大发展。可以说,电子商务带来的经济效益,已经成为信息社会经济发展的重要组成部分。

信息技术给我们的工作、学习、生活带来深刻的变化,目前我们已经能感受到的,除了学籍、课程、身份信息等的信息化管理,还包括:

(1) 智能医疗

通过接入互联网的手机应用,我们能够轻松享有各大医院及科室的预约挂号、候诊提醒和诊疗结果查询。在打通医保与网络支付连接的基础上,实现微支付诊疗费用。

(2) 便捷缴费

通过网络支付,可以实现水电费、电话费、路桥费、城市一卡通、快速理赔、车辆违章罚单缴纳等众多服务。

(3) 快捷办证

信息化的"行政服务大厅",让人们可以在线享受行政服务大厅的一站式服务,进行证件办理和登记、信息查询、在线预约、在线办理。

(4) 交通查询

基于 GPS 定位技术,我们能够便捷地把握实时道路交通态势,实现城市交通精细化管理,提高交通资产利用率,实现路况查询、智能停车、缴纳罚款等服务。

信息社会的发展,使我们的生活可以更方便——吃饭、坐车、买东西,不带钱包不用卡;看病、订餐、看电影,扫码预约不排队;水电气费微支付,机票、酒店一键订;证件拍照DIY,违章社保全自助。

此外,随着移动互联网的发展,普罗大众也越来越多、越来越深入地参与到社会生活的方方面面,分享经济逐渐崭露头角。通过信息技术,人们实现了将社会上海量、分散、闲置的资源平台化、协同化地聚集起来并实现供需匹配的复用。基本上,包括闲置的汽车、游艇、房间、床位等有形资源,均可通过以互联网为代表的信息技术,以出租的形式实现全社会范围内的资源共享和供需配给。闲散于每个人手中的资金,正通过金融平台实现整合和流通。甚至像人的体力、时间这样的无形资源,也可通过分享经济的形式实现共享(如快递服务)。未来,随着 3D 打印技术的成熟和普及,制造业及相关的零售业也将被分享经济所改变。想象一下,你将可以在线购买一张电脑桌的 3D 打印图纸,然后在家用 3D 打印机把它打印出来。随着生物能、太阳能等多种形式的能源技术和智能电网的发展,每家每户都将能够产生一定量的电能,每家都既可以从公共电网中购买电能,也可以把自家多余的电能卖入公共电网,从而实现能源的分散式共享。

这所有的一切,都以信息技术为原动力,以互联网、移动互联网为基础。随着信息技术的快速发展,未来人类社会还会发生怎样翻天覆地的改变,我们拭目以待。

1.2.2　互联网与物联网

信息社会的发展,离不开互联网作为基础设施,而在此基础之上,人们又将其向物联网的方向继续推动。

1. 互联网

互联网,即广域网、局域网及单机按照一定的通信协议组成的国际计算机网络。互联网是指将两台计算机或者是两台以上的计算机终端、客户端、服务端通过信息技术的手段互相联系起来的结果。通过互联网,人们可以与远在千里之外的朋友相互发送邮件、共同完成一项工作、共同娱乐。

自 1969 年 ARPANET 诞生起,直到 20 世纪末,互联网已经有了长足的发展。TCP/IP 协议已经成为互联网通信事实上的协议,E-mail(电子邮件)、FTP(文件下载)、WWW(万维网)和 Telnet(远程登录)等应用已经成为互联网最基本的服务,随之发展起来的流媒体技术可以让人们在线欣赏音频视频,P2P(点对点)传输技术使广大网民的资源共享更为方便。进入 21 世纪,以手机为主的各种移动设备和移动终端,促成了移动通信与传统互联网的结合,产生了移动互联网技术和服务。我国工业和信息化部发布的数据[①]显示,2016 年一年,全国移动电话用户累计净增 5054 万户,总数达 13.2 亿户;其中 4G 用户新增 3.4 亿户,总数达 7.7 亿户。2G、3G 移动网络正逐步退出历史舞台,5G 网络呼之欲出。随着社会各个领域的各种设备在互联网接入上的需求越来越多,物联网、云计算、大数据等新概念和新技术让人应接不暇。

在硬件、软件、服务等各个层面的发展带动下,在日新月异的技术基础的支撑下,互联网不只是发展着它自身,更重要的是它越来越广泛而深刻地改变着人们的工作、学习和生活的方方面面,电子商务和电子政务就是其中意义重大的两个方面。

(1) 电子商务

电子商务就是运用电子通信作为手段的经济活动,通过这种方式人们可以对带有经济价值的产品和服务进行宣传、购买和结算。电子商务有两层含义:狭义电子商务(Electronic Commerce,EC)和广义电子商务(Electronic Business,EB)。

---

① http://www.miit.gov.cn/n1146312/n1146904/n1648372/c5471508/content.html.

一般地说,广义电子商务是指利用一切 IT 技术(从原始的电报到现代的因特网)对所有的商业活动都实现电子化;狭义电子商务特指利用因特网进行的交易或与交易有关的活动。

电子商务按运作方式,分为完全电子商务(Pure EC)、非完全电子商务(Partial EC)。完全电子商务就是商务或服务的整个交易过程全部在网络上实现;非完全电子商务是指不完全依靠电子商务方式实现全部过程。

按交易对象,电子商务可分为企业对消费者 B2C(Business to Consumer)、企业对企业 B2B(Business to Business)、企业对政府 B2G(Business to Government)、政府对消费者 G2C(Government to Consumer)、消费者对消费者 C2C(Consumer to Consumer)。

按网络平台,电子商务又可分为基于企业内部网(Intranet)的电子商务、基于企业外部网(Extranet)的电子商务、基于因特网(Internet)的电子商务,以及基于其他网络的电子商务。

人类已经进入一个以数字化、网络化与信息化为特征的信息时代。电子商务作为信息时代的一种新的商贸形式,其对社会各个方面的影响都是巨大的,这种影响甚至远远超出了电子商务的本身。结合各大银行提供的网上银行服务、各大在线商城以及移动金融服务,人们几乎在任何时间和地点,都可以刷卡付款、订购商品、交水电煤气电话费等。电子商务所带来的变革和影响是多方面、深层次的,只有重视并积极投入其中加以应用,才能跟上时代的步伐并从中受益。

(2) 电子政务

电子政务作为电子信息技术与管理的有机结合,成为当代信息化的最重要的领域之一。所谓电子政务,就是应用现代信息和通信技术,将管理和服务通过网络技术进行集成,在互联网上实现组织结构和工作流程的优化重组,超越时间和空间及部门之间的分隔限制,向社会提供优质和全方位的、规范而透明的、符合国际水准的管理和服务。

从电子政务的实施对象和应用范畴来看,电子政务可分为三种模式: G2G(Government to Government)、G2B(Government to Business)和 G2C(Government to Citizen)。

G2G 模式:该模式主要应用于 4 种不同工作关系的政府机关之间:同一组织系统中的上下级机关之间领导与被领导的隶属关系;同一专业系统中的上下级业务部门之间的指导关系;同一组织系统中的同级机关之间的平行关系;非同一系统中的任何机关或部门之间的交叉关系。

G2B 模式:这种模式将打破政府各部门间的界限,实现相关部门在资源共享的基础上迅速、快捷地为企业提供各种信息服务,精简工作流程,简化审批手续,提高办事效率。

G2C 模式:这种模式的服务对象是社会公众,服务内容广泛。政府借助 G2C 在网上介绍政府机构的设置、职能、沟通方式,提供交互式咨询服务、教育培训服务、就业指导、行政事务审批,发布政府的方针、政策等重要信息,开展政务公开、现行文件公开,提供社会公众参政议政的实际途径,拉近政府与公众的距离,使政府能及时、准确地了解和充分满足公众的需求。

电子政务的内容非常广泛,如电子政府、电子采购、电子征税等。

电子政府：其基本特征是监督电子化、资料电子化、沟通电子化、办公自动化、市场规范电子化。

电子采购：政府也是一个大的消费者，每年拨出专款用来购买公共用品，并在网上公布所需购买产品的有关信息，供有意投标的企业参考。投标中心评标后政府再进行网上集中采购。这实际上是用信息化技术实现的政府采购。

电子征税：包括电子申报和电子结算两个环节。纳税人不必亲临税务机关而是利用现代通信手段将申报资料发送给税务机关，完成纳税人与税务部门之间的电子信息交换，实现申报无纸化。国库根据纳税人税票信息，直接从其开户银行划拨税款。解决了纳税人、税务、银行及国库之间的电子信息交换和资金的划转，实现税收无纸化，提高效率。

电子政务也与我们每个人息息相关。如学校里的各种管理信息系统、OA（办公自动化）系统、政府采购系统、自然科学基金申报系统、国家留学基金委报名系统等，都属于电子政务的范畴，我们的学习、工作和生活与它结合得正越来越紧密。

2. 物联网

信息时代，科技发展日新月异，在互联网的世界中每隔几年便会出现创新的思路与技术，改变人们的生活方式与习惯。而从更宏观的角度来看，紧接着互联网时代到来的，将会是一个全新的物联网时代。事实上，美国与中国不约而同地将注意力集中于"物联网"这个神奇的领域，希望由此推动整个国家的发展与进步。因此，推广物联网技术是一个国家级的发展战略，需要我们给予充分的关注与实践。

"物联网"的概念最早于 1999 年提出，其英文名称为 The Internet of Things，简称 IoT。由该名称可见，物联网就是"物物相连的互联网"。这有两层意思：第一，物联网的核心和基础仍然是互联网，是在互联网基础之上延伸和扩展的一种网络；第二，其用户端延伸和扩展到了任何物品与物品之间，进行信息交换和通信。因此，物联网的定义是通过射频识别（RFID）装置、红外感应器、无线传感网、全球定位系统、激光扫描器等信息传感设备，按约定的协议，把任何物品与互联网相连接，进行信息交换和通信，以实现智能化识别、定位、跟踪、监控和管理的一种网络。

抽象地说，物联网的应用目的在于建立一个更智能化的社会，使人类生活中的众多事务变得聪明而快捷。例如当司机出现操作失误时汽车会自动报警，公文包会提醒主人忘带了什么东西，衣服会告诉洗衣机对颜色和水温的要求等。若干年前天方夜谭式的幻想，在今天都变成了现实，这是物联网带给人们的直观印象。

更具体地说，物联网的应用领域包括但不限于交通管理、医疗卫生、国防安全及环境事业等。尤其是在交通管理、医疗卫生及公共安全方面，物联网应用已经取得了突出的成效。通用的实现方式是将物理世界中的各个物体配备基于 RFID 的传感器，并组织成为互联的网络，从而使人类社会与物理社会得到整合，并进一步实现物理世界的智能化管理。

在交通管理方面，物联网技术可以帮助交通运输管理部门、运输和物流企业实现对人、货、车、船等的有效管理，提升交通运输管理和服务的水平。技术上主要是通过 IC 卡和 RFID 技术，实现对车辆及人员的时间、空间、事件三维状况的身份自动识别，并在此基础上对各项交通行为做出监控与预测。这方面国内已经有了一些典型的应用案例,如深圳海关基于 RFID 技术为通关的澳港两地牌车安装了电子车牌以实现通关车辆的自动监管;南京基于 RFID 和视频识别技术的融合建设了南京特种车辆治安防控体系;各大城市应用 RFID 技术建设了城市公交的"公交卡"电子钱包系统等。未来的物联网技术还将实现公安交警及交通运输的智能化系统建设,进一步改进对交通的管理,促进社会的发展。

在医疗卫生方面,物联网技术可以帮助医院实现智能化管理。在医疗系统中,物联网应用 RFID 技术,实现对患者及药品的时间、空间二维状况的身份自动识别,同时对医疗器械和医疗废弃物实现识别与监控。通过这种智能化应用,可以为医院及病人节约大量时间,避免医疗事故的发生,并进一步完善医院的诊疗体系,改善城市的医疗卫生环境。典型的应用案例包括基于 RFID 的医疗垃圾管理、基于 RFID 的婴儿防盗管理和基于 RFID 的医护巡房管理等。

在公共安全方面,物联网技术可以帮助公安部门及安全管理部门建立更广泛更完备的安全预防及报警体系。例如,通过在居民家中门窗安置传感器等方式,可以实现安防工作的智能化,当有小偷剪断防盗窗上的钢丝,相应街道的技术防范中心就会立即响起警报,民警和安保人员将第一时间赶到现场,实现对居民安全的保障。又如,可以通过 RFID 技术建立食品和药品行业的智能溯源系统,给食品和药品贴上类似身份证的标签,追踪每一份食品或药品的来龙去脉,从而实现对食品药品安全的控制与保障。再如,可以应用 RFID 技术对煤矿矿井及采煤矿工配置传感器,从而实现对煤矿作业的实时监控与分析,一方面完善煤矿的采煤流程以实现资源的优化配置,另一方面可以对煤矿安全隐患进行预测与报警(例如当有非法矿工进入矿区或矿井瓦斯浓度过高时,及时进行通知与预报)。

总之,物联网行业方兴未艾,正日益受到社会的关注与重视。而其关键在于物联网的智能化特征有助于我们建立更加智慧的城市甚至国家,从而改善人们的生活水平,进一步推动社会的发展与进步。当然,在物联网发展的过程中,也仍存在着种种技术或非技术的难题,但这并不能阻挡物联网势不可挡的发展大趋势。

1.2.3 数字化学习

1. 数字化学习的内涵

信息化是当今社会发展的大趋势,信息技术的发展,使学习和交流打破了时空界限。数字化学习(E-Learning)是一种以计算机、多媒体和网络为依托的信息时代学习的重要方式,它充分利用现代信息技术所提供的全新沟通机制与丰富资源的理想学习环境,实现一种全新的学习方式,真正实现了人们随时随地的学习。

数字化学习包含 3 个基本要素:数字化学习环境、数字化学习资源和数字化学习方式。

(1)数字化学习环境

数字化学习环境通常需要包含多媒体计算机、网络教室、因特网、实现网上教与学活动的软件系统等。随着信息技术的飞速发展,我们日常生活的大环境,越来越能够适应人们数字化学习的要求。

（2）数字化学习资源

它是数字化学习的关键,是经过数字化处理,可以在多媒体计算机上或网络环境下运行的多媒体学习材料,包括数字视频、数字音频、多媒体学习软件、数据光盘、网站、在线学习管理系统、在线讨论等。

（3）数字化学习方式

传统学习地点被限定在学校,传统的学习时间也基本上是在校期间。在学校,学生依赖老师的讲课,学生被动地参与。数字化学习方式有很大的不同。首先,学习的时间和地点不再是有限的,而是随时随地伴随人的终身的。其次,人们在学习过程中不再是被动地学,而是主动参与,学习过程带有探索、研究性质,学习方式也是多种多样的。

2. 数字化学习对学生的要求

（1）要改变学习的时空观念

数字化学习不再依赖传统的教室上课,学校、课堂都是虚拟的,学习资源属于全球共享,学习者可以随时随地通过互联网进入数字化的虚拟学校里学习。学习已经变得无国界、无围墙界限。人类将从接受阶段性教育向终身学习转变,人生被分为学习阶段和工作阶段的时代已经结束。因此,一定要建立随时学习、随地学习的观念。

（2）要有终身学习的态度和能力

信息时代的学习将是终身的。终身学习是指学习者根据社会和工作的需求,确定继续学习的目标,并有意识地自我计划、自我管理、自主努力,通过多种途径实现学习目标的过程。数字化学习使人们从接受一次性教育向终身学习转变提供了机遇和条件,但学习者必须具有终身学习的态度和能力才能享用这种机遇,使终身学习成为可能。

（3）要有良好的信息素养

数字化学习是信息时代的重要学习方式,要求学习者必须具备良好的信息素养,即具备确定、评价和利用信息的能力,并成为独立的终身学习者。信息素养包含3个最基本的要点:

① 信息技术的应用技能,即信息的获取、处理和交流能力。信息社会的一个重要特征,就是时时刻刻都在产生着大量的信息,应用搜索引擎及各种数据库系统实时地获取最新信息,是人们在信息社会中必备的一种技能。

② 对信息内容的批判与理解能力。信息社会每天都有大量的信息产生,其中既有精华又有糟粕,既有事实又有谎言。我们在获取这样大量的信息的同时,对信息进行甄别、过滤、筛选,也是一项重要的信息素养。批判性地处理信息是信息素养的重要特征。

③ 运用信息并具有融入信息社会的态度和能力,即要求有社会责任心,能应用信息技术为社会做出贡献。信息社会中,我们在获取大量信息的同时,也会发布大量的信息。在发布信息时,应具备一定的社会责任心,尽量避免传播、发布错误的、不真实的信息,以免对他人造成负面影响。

3. MOOC

随着数字化学习相关技术日趋成熟,数字化学习的理念深入人心,MOOC逐渐成为数字化学习的主要形式。

MOOC模式以互联网技术为依托,突破了传统的单机版的幻灯片、音视频的数字化学习,也不仅限于以往的电视、网络函授式的单向教学模式,而是通过互联网面向全世界,增加了师生、学员间的互动交流机制,增加在线的小测验、实践项目等内容,使世界上不分种族、肤色、性别、年龄、贫富的每个人,都可以打破时间和空间的限制,参与到世界顶级学府的课程学习中来。一些MOOC网站还提供收费的成绩认证服务,一些高校也在尝试将传统的课堂教学与MOOC相结合,甚至承认相关MOOC课程的学分。

总体来说,MOOC具有以下特征:

(1)工具资源多元化。MOOC课程整合多种社交网络工具和多种形式的数字化资源,形成多元化的学习工具和丰富的课程资源。

(2)课程易于使用。突破传统课程时间、空间的限制,依托互联网世界各地的学习者在家即可学到国内外著名高校课程。

(3)课程受众面广。突破传统课程人数限制,能够满足大规模课程学习者学习。

(4)课程参与自主性。MOOC课程具有较高的入学率,同时也具有较高的辍学率,这就需要学习者具有较强的自主学习能力才能按时完成课程学习内容。

世界上比较著名的MOOC平台有Coursera、Udacity、edX、可汗学院等,国内的目前包括爱课程、MOOC学院、慕课网等。

正如Udacity的网站上所说:"如今的教育,不再只是年轻时一段暂时的经历,而是延续终生不断助人前行的动力;不应只是让学生被动接收灌输,而应引导他们主动参与,通过实战收获实用的技能;目标不只是让学生在校园内获得成功,更要让他们一生受益并最终获得成功的人生。"

1.3 信 息 社 会

信息技术极大地促进了社会生产力的发展,给人们的工作、学习和生活带来前所未有的便利,带领人们进入信息社会。然而,技术往往是双刃剑,在改善人们生活的同时,如果不注意加强控制、善加利用,也会带来负面的影响。计算机犯罪就是信息技术带来的负面影响之一,而信息技术的广泛应用,也在社会责任与道德上给人们提出了新的要求。

1.3.1 信息社会及其特点

信息社会也称信息化社会,是在工业化社会以后,信息将起主要作用的社会。信息化是人类社会进步发展到一定阶段所产生的一个新阶段,它是建立在计算机技术、数字化技术和生物工程技术等先进技术基础上产生的。信息化使人类以更快更便捷的方式获得并传递人类创造的一切文明成果;它将提供给人类非常有效的交往手段,促进全球各国人们之间的密切交往和对话,增进相互理解,有利于人类的共同繁荣。信息化是人类社会从工业化阶段发展到一个以信息为标志的新阶段。信息化与工业化不同,它不是关于物质和能量的转换过程,而是关于时间和空间的转换过程,是从有形的物质产品创造价值的社会向无形的信息创造价值的新阶段的转化,也就是以物质生产和物质消费为主,向以精神生产和精神消费为主的阶段的转变。

在农业社会和工业社会中,物质和能源是主要资源,所从事的是大规模的物质生产。而在信息社会中,信息成为比物质和能源更为重要的资源,以开发和利用信息资源为目的的信息经济活动迅速扩大,逐渐取代工业生产活动而成为国民经济活动的主要内容。在信息化这个新阶段里,人类生存的一切领域,在政治、商业,甚至个人生活中,都是以信息的获取、加工、传递和分配为基础的。信息经济在国民经济中占据主导地位,并构成社会信息化的物质基础。以计算机、微电子和通信技术为主的信息技术革命是社会信息化的动力源泉。

信息社会的主要特点有:

(1) 社会经济的主体由制造业转向以高新科技为核心的第三产业,即信息和知识产业占据主导地位;

(2) 劳动力主体不再是机械的操作者,而是信息的生产者和传播者;

(3) 交易结算不再主要依靠现金,而是主要依靠信用;

(4) 贸易不再主要局限于国内,跨国贸易和全球贸易将成为主流。

1.3.2　计算机犯罪

1. 计算机犯罪的概念

计算机犯罪是当今社会出现的一种新的犯罪形式,且日益呈现出新的特点,人们对它的认识还存在一定的局限性。随着计算机犯罪事件的增多,人们对计算机犯罪的认识也在不断变化。针对当前计算机犯罪的特点,中国公安部计算机安全监察司对计算机犯罪做了如下界定:以计算机为工具或以计算机资产为对象实施的犯罪行为。这里的工具是指计算机信息系统,包括在犯罪过程中计算机技术知识所起的作用和非技术知识的犯罪行为。

2. 计算机犯罪的特点

计算机犯罪是高科技犯罪,具有高智能性和高科技性,与传统的犯罪形式相比,有它自身的特点。

(1) 隐蔽性。计算机犯罪绝大多数针对的是数据和程序这种无形的信息,作案后可以不留痕迹。而且,可以在任意时间、任意地点通过网络对目标进行犯罪。

（2）智商高。大多数计算机犯罪人员都具有较高的文化水平，熟悉计算机操作，属于智商比较高的群体。

（3）年纪轻。计算机技术发展飞快，掌握新技术的多数是年轻人。年轻人好奇心强、自制力差，有意、无意地非法进入别人的系统，侵犯别人的权利，构成犯罪行为。

（4）社会危害严重。计算机越来越普及，应用面越来越广。随着社会信息化程度的进一步提高，金融机构、交通航运、文教卫生以及国家事务、国防建设等部门都逐步实行计算机信息管理。某些关键部门的计算机系统如果遭到破坏，后果将是极其严重的，轻则造成巨大的经济损失，重则引发社会混乱。

（5）发现、追查困难。计算机犯罪手段隐蔽，不留痕迹，又容易毁灭罪证，使得犯罪事实难以显露，追查起来困难重重。

（6）法律惩处困难。案发现场取证难，受害方怕社会影响不好，对案情隐而不报或少报，使得法律对涉案人员量罪困难，处罚也困难。

3. 计算机犯罪的主要形式

（1）制作、传播有害信息

有害信息是指以计算机程序、图像、文字、声音等形式表示的，包含攻击国家、机构、社团、个人形象，破坏安定团结或国家安全的信息，或含有宣传迷信、色情、教唆犯罪等危害社会秩序的内容。

（2）编制、传播计算机病毒，攻击计算机系统

我国《计算机病毒防治管理办法》把以下行为视作违法行为：

① 编制计算机病毒；

② 故意将有计算机病毒的媒体交给别人使用；

③ 故意在别人或单位的计算机系统上使用带有计算机病毒的媒体；

④ 直接向别人或单位的计算机系统中输入计算机病毒代码；

⑤ 其他制造和传播计算机病毒的行为。

（3）利用网络窃取机密

在信息时代，越来越多的信息和秘密集中到了计算机里。在一个开放的网络环境中，每时每刻都有大量的信息在网上频繁流动，这就为不法行为者提供了攻击目标。不法分子利用各种可能的手段，非法访问网络中流动的敏感信息，进行破坏、修改或对外泄露。利用计算机网络窃取或出卖国家政治、经济、军事、科技及商业秘密已经成为涉密犯罪的新形式。

（4）金融系统计算机犯罪

金融领域是计算机犯罪人员攻击的重要目标之一。犯罪手法主要有：对程序、数据进行破坏；非营业时间单人操作，修改计算机内部账目；利用工作便利条件非法修改计算机存取数据，伪造输入数据；利用安全措施不足的漏洞进行作案；窃取用户信息，伪造存折；盗用信用卡号；利用他人名义犯罪，即在操作人员不在现场或未退出系统的情况下，伺机进行违法操作；把储户利率的小数部分转入自己的账上等。

4. 计算机犯罪的发展趋势

（1）数量增加。随着社会计算机使用量的不断增加，计算机应用领域的拓宽，学会掌握和使用计算机的人员数量日益增长，涉及计算机犯罪的数量也在不断增加。

（2）范围扩大。计算机犯罪正从早期的金融、保密系统，逐步扩展到其他各个领域，成为严重的社会问题。

（3）手段复杂化。计算机犯罪属于高科技领域的犯罪，随着计算机技术的不断发展和进步，犯罪手段也跟随着"进步"，呈现出日益翻新、复杂化的趋势。

（4）目的多样化。计算机犯罪从获取钱财、发泄私愤发展到政治集团、敌对势力的渗透、破坏。

（5）国际化。随着国际互联网在世界范围内的普及，一些计算机犯罪分子将攻击目标转到国外，对计算机安全技术不完善、保密措施有缺陷的国家或地区的网络系统进行渗透，即使被发现，跨国界的追查也很困难，容易逃避罪责。

1.3.3 信息社会的社会责任与道德

信息是重要的战略资源之一。优先获取信息，并对信息进行分析、综合、评估后加以有效利用，就有可能在社会竞争中获得优势地位。在对关键问题做出决定时，缺乏及时、准确的信息会造成决策失误。信息技术系统能将大量数据转换成有用信息，但这些技术是昂贵的。于是出现用非法手段获取信息的行为。这种行为单靠法律手段无法彻底解决。道德是人类理性的体现，是灌输、教育和培养的结果。它作为法律行为规范的补充，虽然是自律的、非强制性的，但对于抑制计算机犯罪和违背计算机职业道德这种社会现象，道德教育活动更能体现出教育的效果。

计算机职业道德是指在计算机行业及其应用领域所形成的社会意识形态下，调整人与人之间、人与计算机之间、人和社会之间关系的行为规范的总和。

计算机职业道德规范中一个重要的方面是网络道德。Internet 作为一种技术手段，本身是中性的，用它可以做好事，也可以做坏事。大多数"黑客"开始是出于好奇，违背了职业道德侵入别人计算机系统，逐步走向计算机犯罪的。

随着计算机应用的日益发展，Internet 更大程度上的普及，网络文化逐渐兴起并融入社会生活中，它的负面影响已经越来越引起社会学者的关注。当前计算机网络犯罪和违背计算机职业规范的行为十分普遍，已经发展成为社会问题。为了保障计算机网络的良好秩序、计算机信息的安全性，减少网络陷阱对社会的危害，有必要加强计算机职业道德教育，增强计算机道德规范意识，这样才有利于计算机信息系统的安全，也符合社会整体利益。

计算机网络犯罪具有技术型、年轻化的特点和趋势，发达国家已经在学校开设网络道德教育课程。美国计算机伦理协会根据计算机犯罪种种案例，归纳、总结了 10 条计算机职业道德规范，这里把它整理出来供读者参考。

（1）不用计算机去伤害别人。

（2）不影响别人的计算机工作。

（3）不到别人的计算机里去窥探。

（4）不用计算机去偷窃。

（5）不用计算机去做假证明。

（6）不复制或使用没有购买的软件。

（7）未经许可不使用别人的计算机资源。

（8）不剽窃别人的精神作品。

（9）要注意自己正在编写的程序和正在设计的系统的社会效应。

（10）要始终牢记，自己使用计算机是在进一步加强对同胞的理解和尊敬。

习 题 1

1. 第一台电子计算机是什么时候诞生的？它属于哪种类型？

2. 电子计算机的发展经历了哪几个阶段？每个阶段有什么特点与不足？

3. B2B、B2C、B2G、G2C、C2C 各代表什么意思？

4. 电子商务和电子政务分别有哪几种模式？

参 考 文 献

[1] Bill Gates. 未来之路[M]. 北京：北京大学出版社,1996.

[2] 白东蕊,岳云康. 电子商务概论[M]. 3 版. 北京：人民邮电出版社,2016.

[3] 张锐昕,等. 电子政府与电子政务[M]. 2 版. 北京：中国人民大学出版社,2016.

[4] 于宝明,张园. 物联网技术及应用基础[M]. 北京：电子工业出版社,2016.

[5] 唐永华,刘鹏,于洋,等. 大学计算机基础[M]. 2 版. 北京：清华大学出版社,2015.

[6] 卫春芳,张威. 大学计算机基础教程[M]. 北京：科学出版社,2016.

[7] 帕森斯,奥加. 计算机文化[M]. 15 版. 吕云翔,傅尔也,译. 北京：机械工业出版社,2014.

[8] 王移芝. 大学计算机[M]. 5 版. 北京：高等教育出版社,2015.

[9] 黛尔,路易斯. 计算机科学概论[M]. 5 版. 吕云翔,刘艺博,译. 北京：机械工业出版社,2016.

第 2 章

信息在计算机中的表示

由于构成计算机的电子元器件具有双稳态工作的特点,计算机中采用二进制来表示信息。二进制的 0 和 1 两个数码,可以采用电信号的两个状态(如电压的高低或脉冲的有无)进行表示。任何形式的数据,例如数值、文字、声音、图形、图像、视频等,为了利用计算机来处理,必须将其用二进制来表示,即进行二进制编码。本章首先介绍计算机中常用的数制,然后介绍数值型数据和文字型数据在计算机中的表示,最后介绍图像和声音在计算机中的表示。

2.1 计算机常用数制

进位记数制是一种记数的方法,在日常生活中,习惯上最常用的是十进制记数法。而实际上存在着多种进位制,例如,记录时间用的时、分、秒就是按六十进制记数的。计算机中为了便于存储及计算的物理实现,主要采用二进制数。为了便于人们阅读及书写,经常采用十六进制数(有时也采用八进制数)来表示二进制数。

基数是指一种进位记数制中允许选用的基本数码个数。每一种进位记数制都拥有固定数目的基本数码和相应的记数符号。例如我们所熟悉的十进制,基数是 10,即拥有 10 个基本数码,它们分别为:0、1、2、3、4、5、6、7、8、9。所以二进制的基数为 2,八进制的基数为 8,十六进制的基数为 16。

一个数码处在不同的位置上所代表的值不同,如十进制数中的数字 3 在十位数位置上代表 30,在个位数位置上代表 3,而在小数点后第一位的位置上代表 0.3。一种进位记数制中某一位上的数码 1 所表示的数值大小称为该位的位权。每个数码所表示的数值等于该数码乘以该数码的位权。

为了便于区分和书写,通常在数字的后面加上一个英文字母来表示该数的数制。十进制数用 D(decimal)表示,例如 117D;二进制数用 B(binary)表示,例如 100101B;八进制数用 O(octal)表示,例如 16O;十六进制数用 H(hexadecimal)表示,例如 7FFFH。当然也可以用这些字母的小写形式来表示,无进制字母时,默认为十进制数。

1. 十进制数

十进制数的基数为 10,共有 10 个数码,采用逢 10 进 1 的进位规则。

任意一个十进制数 D 都可以由 10 个基数组合而成,按照位权展开式可以表示为:

$$(D)_{10} = D_{n-1} \times 10^{n-1} + D_{n-2} \times 10^{n-2} + D_{n-3} \times 10^{n-3} + \cdots + D_0 \times 10^0$$
$$+ D_{-1} \times 10^{-1} + D_{-2} \times 10^{-2} + \cdots + D_{-m} \times 10^{-m}$$

其中,D_i 表示第 i 位的数码,且只能为 0～9 中的任意一个值,10^i 为第 i 位的位权。

例 2.1 $(105.11)_{10} = 1 \times 10^2 + 0 \times 10^1 + 5 \times 10^0 + 1 \times 10^{-1} + 1 \times 10^{-2}$

十进制数是人们日常生活中最熟悉的数制,用户在使用计算机解决实际问题的时候也经常会使用十进制数进行输入输出,而计算机内部采用的是二进制数。

2. 二进制数

二进制数的基数为 2,共有 0、1 两个数码,采用逢 2 进 1 的进位规则。任意一个二进制数 B 都可以由这两个数码组合而成,按照位权展开可以表示表示为:

$$(B)_2 = B_{n-1} \times 2^{n-1} + B_{n-2} \times 2^{n-2} + B_{n-3} \times 2^{n-3} + \cdots$$
$$+ B_0 \times 2^0 + B_{-1} \times 2^{-1} + B_{-2} \times 2^{-2} + \cdots + B_{-m} \times 2^{-m}$$

其中,B_i 表示第 i 位的数码,且只能为 0 或 1,2^i 为第 i 位的位权。

例 2.2 $(1010.01)_2 = 1 \times 2^3 + 0 \times 2^2 + 1 \times 2^1 + 0 \times 2^0 + 0 \times 2^{-1} + 1 \times 2^{-2}$

二进制数具有以下特点:

(1) 数码符号少。二进制中只有 0、1 两个数码符号,因而可以用电子元器件的两个稳定状态来表示(例如晶体管的导通、截止),非常方便。

(2) 运算规则简单。二进制数的求和规则和求积规则各有 3 种,而十进制数的求和规则和求积规则各有 55 种。

(3) 工作可靠。由于采用两种稳定的状态来表示数字,使数据的存储、传输和处理都变得更加可靠。

但是,使用二进制表示一个数所使用的位数要比十进制表示时所使用的位数长得多,不利于读/写和记忆。为了书写和读取的方便,通常使用八进制或十六进制来弥补二进制的不足。

3. 八进制数

八进制数的基数是 8,共有 8 个数码,它们是 0、1、2、3、4、5、6、7,采用逢 8 进 1 的进位规则。

任意一个八进制数 O 都可以由这 8 个数字组合而成,按照位权展开式可以表示为:

$$(O)_8 = O_{n-1} \times 8^{n-1} + O_{n-2} \times 8^{n-2} + O_{n-3} \times 8^{n-3} + \cdots + O_0 \times 8^0$$
$$+ O_{-1} \times 8^{-1} + O_{-2} \times 8^{-2} + \cdots + O_{-m} \times 8^{-m}$$

其中,O_i 表示第 i 位的数码,且只能为 0～7 中的任意一个值,8^i 为第 i 位的位权。

例 2.3 $(124.53)_8 = 1 \times 8^2 + 2 \times 8^1 + 4 \times 8^0 + 5 \times 8^{-1} + 3 \times 8^{-2}$

4. 十六进制数

十六进制数的基数是 16,共有 16 个数码,它们是 0、1、2、3、4、5、6、7、8、9、A、B、C、D、E、F,采用逢 16 进 1 的进位规则。其中,A、B、C、D、E、F 这 6 个数码分别代表十进制的

10、11、12、13、14、15。

任意一个十六进制数 H 都可以由这 16 个数字组合而成,按照位权展开式可以表达为:

$$(H)_{16} = H_{n-1} \times 16^{n-1} + H_{n-2} \times 16^{n-2} + H_{n-3} \times 16^{n-3} + \cdots + H_0 \times 16^0$$
$$+ H_{-1} \times 16^{-1} + H_{-2} \times 16^{-2} + \cdots + H_{-m} \times 16^{-m}$$

其中,H_i 表示第 i 位的数码,且只能为 0~F 中的任意一个值,16^i 为第 i 位的位权。

例 2.4 $(ACFD.8E)_{16} = A \times 16^3 + C \times 16^2 + F \times 16^1 + D \times 16^0$
$$+ 8 \times 16^{-1} + E \times 16^{-2}$$

5. 各种数制之间的转换

将数由一种数制表示形式转换成另一种数制表示形式的过程称为数制间的转换。不同进制之间的转换,实质上是基数的转换。转换的原则是:将被转换数的整数部分和小数部分分别进行转换。

(1)各种进制间的对应关系

首先来看各种进制间的对应关系,表 2-1 列出了二进制、八进制、十进制和十六进制四种进位记数制的对应关系。

表 2-1　四种进位记数制的对应关系

二进制	八进制	十进制	十六进制	二进制	八进制	十进制	十六进制
0000	0	0	0	1000	10	8	8
0001	1	1	1	1001	11	9	9
0010	2	2	2	1010	12	10	A
0011	3	3	3	1011	13	11	B
0100	4	4	4	1100	14	12	C
0101	5	5	5	1101	15	13	D
0110	6	6	6	1110	16	14	E
0111	7	7	7	1111	17	15	F

(2)十进制数和二进制数之间的转换

① 十进制数转换为二进制数:十进制数转换为二进制数需要将整数部分和小数部分分别进行转换。

十进制数的整数部分转换为二进制数采用"除 2 取余法",即将十进制数的整数部分不断除以 2,并记录余数,直到商为 0 停止,每次得到的余数(必定是 0 或 1)就是对应二进制数的各位数码。这里需要注意:第一次得到的余数为二进制数的最低位,最后一次得到的余数为二进制的最高位。

十进制数的小数部分转换为二进制数采用"乘 2 取整法",即用十进制的小数部分不断乘以 2,并记录其整数部分,直到结果的小数部分为 0 或达到所要求的精度停止。

例 2.5 十进制数 $(18.25)_{10}$ 转换为二进制数。

整数部分:

```
                          2⌊18
                          2⌊9    余 0   (低位)
                           2⌊4   余 1
                            2⌊2  余 0
                             2⌊1 余 0
                               0 余 1   (高位)
```

小数部分：

```
                    0.25
               ×     2
                    0.50  …… 整数部分 0(高位)
               ×     2
                    1.00  …… 整数部分 1(低位)
```

即

$$(18.25)_{10} = (10010.01)_2$$

② 二进制数转换为十进制数：各位二进制数码乘以与其对应的位权之和即为对应的十进制数。

例 2.6 二进制数 1011100.10111B 转换为十进制数。

$$1011100.10111B = 1\times 2^6 + 0\times 2^5 + 1\times 2^4 + 1\times 2^3 + 1\times 2^2 + 0\times 2^1 + 0\times 2^0$$
$$+ 1\times 2^{-1} + 0\times 2^{-2} + 1\times 2^{-3} + 1\times 2^{-4} + 1\times 2^{-5}$$
$$= (92.71875)_{10}$$

即

$$1011100.10111B = (92.71875)_{10}$$

（3）十进制数与十六进制数之间的转换

① 十进制数转换为十六进制数：十进制数转换为十六进制数需要分成整数部分和小数部分分别进行转换。

十进制数的整数部分转换为十六进制数采用"除 16 取余法"，与十进制数整数部分转换为二进制数的方法非常类似，只是不断除以的数变成了 16。这里同样需要注意：第一次得到的余数为十六进制数的最低位，最后一次得到的余数为十六进制的最高位。

十进制数的小数部分转换为十六进制数采用"乘 16 取整法"，即用十进制的小数部分不断乘以 16，并记录其整数部分，直到结果的小数部分为 0 或达到所要求的精度为止。

例 2.7 十进制数 $(1134.84375)_{10}$ 转换为十六进制数。

整数部分：

```
              16⌊1134
              16⌊70   余 14→E  (低位)
               16⌊4   余  6
                  0   余  4    (高位)
```

小数部分：

```
                    0.84375
               ×       16
                   13.50000  …… 整数部分 13  (高位)
                    0.50000  …… 余下小数部分
               ×       16
                    8.00000  …… 整数部分 8   (低位)
```

即

$$(1134.84375)_{10} = (46E. D8)_{16}$$

② 十六进制数转换为十进制数：各位十六进制数码乘以与其对应的位权之和即为对应的十进制数。

例 2.8 十六进制数$(BF3C. D8)_{16}$转换为十进制数。

$$BF3C. D8H = 11 \times 16^3 + 15 \times 16^2 + 3 \times 16^1 + 12 \times 16^0$$
$$+ 13 \times 16^{-1} + 8 \times 16^{-2}$$
$$= (48956.84375)_{10}$$

即

$$(BF3C. D8)_{16} = (48956.84375)_{10}$$

通常，为把一个十进制数转换为二进制数，可以先把该数转换为十六进制数，然后再转换为二进制数，这样可以减少计算次数；同理，要把一个二进制数转换为十进制数，也可以采用同样的方法。

（4）十进制数与八进制数之间的转换

① 十进制数转换为八进制数：十进制数转换为八进制数同样需要分成整数部分和小数部分分别进行转换。方法与十进制数转换为二进制数或十六进制数相同，如例 2.9 所示。

例 2.9 十进制数$(1134.84375)_{10}$转换为八进制数。

整数部分：

```
8 | 1134
8 |  141    余 6    （低位）
 8 |  17    余 5      ↑
  8 |  2    余 1      |
      0     余 2    （高位）
```

小数部分：

```
       0.84375
    ×        8
    ─────────────
      6.75000……  整数部分 6    （高位）
      0.75000……  余下小数部分    ↑
    ×        8                   |
    ─────────────
      6.00000……  整数部分 6    （低位）
```

即

$$(1134.84375)_{10} = (2156.66)_8$$

② 八进制数转换为十进制数：各位八进制数码乘以与其对应的位权之和即为对应的十进制数。

例 2.10 八进制数$(752.12)_8$转换为十进制数。

$$(752.12)_8 = 7 \times 8^2 + 5 \times 8^1 + 2 \times 8^0$$
$$+ 1 \times 8^{-1} + 2 \times 8^{-2}$$
$$= (490.15625)_{10}$$

即

$$(752.12)_8 = (490.15625)_{10}$$

（5）二进制数和十六进制数及八进制数之间的转换

由于十六进制数和八进制数的基数都是 2 的幂，所以它们和二进制数之间的转换是十分容易的。

① 二进制数转换为十六进制数：把二进制数的整数部分从低位到高位每 4 位组成一组，小数部分从高位到低位每 4 位组成一组，直接用十六进制来表示即可。

例 2.11 二进制数 $(1101001101.01)_2$ 转换为十六进制数。

$$
\begin{array}{cccc}
0011 & 0100 & 1101 & . & 0100 \\
\downarrow & \downarrow & \downarrow & & \downarrow \\
3 & 4 & D & . & 4
\end{array}
$$

即

$$(1101001101.01)_2 = (34D.4)_{16}$$

这里有一点需要注意，当十六进制数整数部分或小数部分的位数不能被 4 整除时，整数部分在最高位处补零，小数部分在最低位处补零，如例 2.11 所示。

② 十六进制数转换为二进制数：把十六进制数中的每一位用 4 位二进制数表示，即可形成相应的二进制数。

例 2.12 十六进制数 $(2BD.C)_{16}$ 转换为二进制数。

$$
\begin{array}{cccc}
2 & B & D & . & C \\
\downarrow & \downarrow & \downarrow & & \downarrow \\
0010 & 1011 & 1101 & . & 1100
\end{array}
$$

即

$$(2BD.C)_{16} = (1010111101.11)_2$$

③ 二进制数转换为八进制数：把二进制数的整数部分从低位到高位每 3 位组成一组，小数部分从高位到低位每 3 位组成一组，直接用八进制来表示即可。同样，如果位数不足，整数部分在最高位处补零，小数部分在最低位处补零。

例 2.13 二进制数 $(1101001101.01)_2$ 转换为八进制数。

$$
\begin{array}{ccccc}
001 & 101 & 001 & 101 & . & 010 \\
\downarrow & \downarrow & \downarrow & \downarrow & & \downarrow \\
1 & 5 & 1 & 5 & . & 2
\end{array}
$$

即

$$(1101001101.01)_2 = (1515.2)_8$$

④ 八进制数转换为二进制数：把八进制数中的每一位用 3 位二进制数表示，即可形成相应的二进制数。

例 2.14 八进制数 $(752.1)_8$ 转换为二进制数。

$$
\begin{array}{cccc}
7 & 5 & 2 & . & 1 \\
\downarrow & \downarrow & \downarrow & & \downarrow \\
111 & 101 & 010 & . & 001
\end{array}
$$

即

$$(752.1)_8 = (111101010.001)_2$$

6. 二进制数的运算

(1) 二进制数的算术运算

二进制数的算术运算与十进制的算术运算原理一致,只是在二进制运算时,逢 2 进 1,借 1 当 2。

① 二进制数加法的运算规则为:

$$0+0=0;$$
$$1+0=1;$$
$$0+1=1;$$
$$1+1=0;产生向高位的进位 1$$

② 二进制数减法的运算规则为:

$$0-0=0;$$
$$1-0=1;$$
$$1-1=0;$$
$$0-1=1;产生向高位的借位 1$$

③ 二进制数乘法的运算规则为:

$$0\times0=0;$$
$$0\times1=0;$$
$$1\times0=0;$$
$$1\times1=1;$$

④ 二进制数除法的运算规则为:

$$0\div0(无意义);$$
$$0\div1=0;$$
$$1\div0(无意义);$$
$$1\div1=1;$$

⑤ 多位数的加减法运算遵循进位和借位规则:

例 2.15 加法运算

$$1010+0110=10000$$

$$\begin{array}{r} 1\,0\,1\,0 \\ +\quad 0\,1\,1\,0 \\ \hline 1\,0\,0\,0\,0 \end{array}$$

例 2.16 减法运算

$$10101-1010=01011$$

$$\begin{array}{r} 1\,0\,1\,0\,1 \\ -\quad 1\,0\,1\,0 \\ \hline 0\,1\,0\,1\,1 \end{array}$$

例 2.17　乘法运算

$$1001 \times 1101 = 1110101$$

$$
\begin{array}{r}
1001 \\
\times \quad 1101 \\
\hline
1001 \\
0000 \\
1001 \\
1001 \\
\hline
1110101
\end{array}
$$

二进制乘法运算可以转换为加法和移位运算,计算机实际的乘法运算就是采用这种方法实现的。每左移 1 位相当于乘以 2,而左移 n 位相当于乘以 2^n。

除法运算是乘法运算的逆运算,可以转换为减法和右移位运算。每右移一位相当于除以 2,右移 n 位相当于除以 2^n。

(2) 二进制数的逻辑运算

逻辑是指"条件"与"结论"之间的关系。因此,逻辑运算是指对"因果关系"进行分析的一种运算,运算结果并不表示数值的大小,而是条件成立还是不成立的逻辑量。

在逻辑运算中,与、或、非运算是三种最基本的运算。在此基础上,三种运算可以进一步组合,形成更加复杂的逻辑运算关系。下面介绍几种基本的逻辑运算。

① 与运算:与运算又称为逻辑乘,可以用符号·或者 $\wedge$ 来表示。如有 A、B 两个逻辑变量(每个变量只能有 0 或 1 两种取值),可能的取值情况只有 4 种,其真值表如表 2-2 所示。只有当 A、B 两个变量的取值均为 1 时,它们的与运算结果才是 1。

表 2-2　二变量与运算真值表

A	B	$A \wedge B$	A	B	$A \wedge B$
0	0	0	1	0	0
0	1	0	1	1	1

② 或运算:或运算又称为逻辑加,可以用符号+或者 $\vee$ 来表示,或运算的真值表如表 2-3 所示。即 A、B 两个变量中只要有一个变量取值为 1,则或运算的结果就是 1。

表 2-3　二变量或运算真值表

A	B	$A \vee B$	A	B	$A \vee B$
0	0	0	1	0	1
0	1	1	1	1	1

③ 非运算:如果变量为 A,则它的非运算结果用 $\overline{A}$ 来表示,非运算的真值表如表 2-4 所示。

④ 异或运算:异或运算可以用符号 $\oplus$ 或 $\forall$ 来表示。异或运算的真值表如表 2-5 所示。A、B 两个变量取值相异时,则异或运算的结果为 1。

表 2-4 非运算真值表

A	$\overline{A}$	A	$\overline{A}$
0	1	1	0

表 2-5 异或运算真值表

A	B	$A \veebar B$	A	B	$A \veebar B$
0	0	0	1	0	1
0	1	1	1	1	0

⑤ 基本逻辑运算举例：所有逻辑运算都是按位操作的，逻辑运算和算术运算的最大不同之处在于，逻辑运算中的操作数各位之间没有任何关联，也不会产生进位。

例 2.18 已知两个变量 A 和 B 的值分别为 $A=00\text{FFH}$，$B=5555\text{H}$，分别求 $A \wedge B$ 的值，$A \vee B$ 的值，$\overline{A}$ 的值，$A \veebar B$ 的值。

$$A=0000\ 0000\ 1111\ 1111\text{B}$$
$$B=0101\ 0101\ 0101\ 0101\text{B}$$
$$A \wedge B=0000\ 0000\ 0101\ 0101\text{B}=0055\text{H}$$
$$A \vee B=0101\ 0101\ 1111\ 1111\text{B}=55\text{FFH}$$
$$\overline{A}=1111\ 1111\ 0000\ 0000\text{B}=\text{FF00H}$$
$$A \veebar B=0101\ 0101\ 1010\ 1010=55\text{AAH}$$

2.2 数值型数据在计算机中的表示

在数学中，数的长度可以有多少位就写多少位，但是在计算机中，如果数据的长度也随数而异，长度不齐，那么无论存储或处理都会十分不方便。所以在同一计算机中，数据的长度通常是统一的。

计算机中的数用二进制来表示，数的符号也用二进制来表示。一般用最高有效位来表示数的符号，正数用 0 表示，负数用 1 表示。

2.2.1 整数的表示

计算机中的整型数据可以分为"无符号整数"和"带符号整数"两类，带符号整数必须占用一个二进制位来表示符号，通常为最高位。因此，同样位数的无符号整数和带符号整数表示数据的范围就不同，如表 2-6 所示。

在计算机中最常用的无符号整数是表示地址的数。此外，双精度数的低位字也是无符号整数。在某些情况下，无符号数与带符号数的处理是有差别的，这一点请读者注意。

在计算机中，把一个数连同其符号在内的数值化表示称为机器数或机器码，以区别一般书写表示的数（通常称为真值）。机器码可以用不同的码制来表示，常用的有原码、补码和反码表示法。

表 2-6　整型数的表示范围

二进制位数	无符号整数的表示范围	带符号整数的表示范围(补码)
8	$0\sim255(2^8-1)$	$-128\sim+127$
16	$0\sim65\ 535(2^{16}-1)$	$-32\ 768\sim+32\ 767$
32	$0\sim2^{32}-1$	$-2^{31}\sim+2^{31}-1$
64	$0\sim2^{64}-1$	$-2^{63}\sim+2^{63}-1$

（1）原码

数据最高位用 0 或 1 表示该数的符号"＋"或"－"，后面的数值部分用该二进制数的绝对值表示，这种表示法称为原码表示法。假设有两个整数 X_1 和 X_2，它们的真值和 8 位二进制原码分别表示如下

$$X_1=+85=+1010101B \quad [X_1]_{原}=01010101B$$
$$X_2=-85=-1010101B \quad [X_2]_{原}=11010101B$$

按照原码表示法的定义，0 的原码有两种表示方式，即

$$[+0]_{原}=00000000B$$
$$[-0]_{原}=10000000B$$

因此，8 位带符号数原码的表示范围是 $-127\sim+127$。

采用原码表示法较简单易懂，但它的最大缺点是符号位不能与数值位一起参与运算，因此进行加减法运算复杂。当两数相加时，如果是同号则数值相加；如果是异号，则要进行减法，而且在进行减法时，还要先比较绝对值的大小，然后大数的绝对值减去小数的绝对值，最后还要给结果选择恰当的符号。

例 2.19　计算 25 与 -32 之和。

十进制	二进制原码直接计算
25	00011001
＋　（－32）	＋　10100000
－7	10111001

从上例的计算可以看出，如果两个数的原码直接相加，结果是 10111001B，即 -57，这显然是错误的。正确的用原码计算的方法应该是用 32 的原码的数值部分减去 25 的原码的数值部分，然后给出结果符号位的值 1，即结果为 10000111。

（2）反码

正数的反码表示与原码表示相同；负数的反码表示是该数绝对值的原码按位取反的结果。即负数的反码最高位为 1，数值位为原码逐位求反。例如：

$$X_1=+85=+1010101B \quad [X_1]_{反}=01010101B$$
$$X_2=-85=-1010101B \quad [X_2]_{反}=10101010B$$

按照反码表示法的定义，0 的反码也有两种表达方式：

$$[+0]_{反}=00000000B$$
$$[-0]_{反}=11111111B$$

因此,8 位带符号数反码的表示范围也是 $-127\sim+127$。

但是,反码一般不直接用来表示数值或进行计算。本质上来说,反码是作为下面将要介绍的更为常用的补码的一个中间过渡而存在的。

(3) 补码

正数的补码表示与原码表示相同;负数的补码表示是该数绝对值的原码按位取反后末位加 1 的结果,即该负数的反码加 1。例如:

$$X_1=85=+1010101B \qquad [X_1]_{补}=01010101B$$
$$X_2=-85=-1010101B \qquad [X_2]_{补}=[X_2]_{反}+1=10101011B$$

按照补码表示法的定义来表示 $[+0]_{补}$ 和 $[-0]_{补}$,我们将发现 0 的补码只有一种表达方式:

$$[+0]_{补}=00000000B=[-0]_{补}$$

在 8 位的二进制数中,对于 10000000B 这个数,补码表示法中被定义为 -128,因此 8 位带符号数的补码表示范围为 $-128\sim+127$,如图 2-1 所示。

| 0 | 1 | 1 | 1 | 1 | 1 | 1 | 1 | (+127) |

| 1 | 0 | 0 | 0 | 0 | 0 | 0 | 0 | (−128) |

图 2-1 8 位二进制数补码能表示的最大数和最小数

对于 n 位补码数 N,其表数范围为 $-2^{n-1}\sim+2^{n-1}-1$。

一个正数的补码表示,对其按位求反后再在末位加 1,可以得到与此正数相应的负数的补码表示。我们把这种对一个二进制数按位求反后在末位加 1 的运算称为求补运算,可以证明补码表示的数具有以下特性:

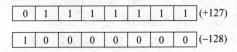

这一特性在补码的加、减法运算中很有用。

补码表示法中"0"的表示是唯一的,这是它的一个优点;补码表示法的另一个优点是补码的符号位无须单独处理,符号位可以同数值位一起参与运算,且最终运算结果的最高位仍然是有效的符号位。

补码的加法规则是:

$$[X+Y]_{补}=[X]_{补}+[Y]_{补}$$

补码的减法规则是:

$$[X-Y]_{补}=[X]_{补}+[-Y]_{补}$$

例 2.20 用 8 位二进制补码计算 25 与 32 之和。

$$[25]_{补}=00011001B \qquad [32]_{补}=00100000B$$

十进制	二进制补码
25	00011001
+ 32	+ 00100000
57	00111001

例 2.21 用 8 位二进制补码计算 32 减 25 之差。

$$[32]_补 = 00100000B$$

$$[25]_补 = 00011001B \qquad\qquad [-25]_补 = 11100111B$$

十进制	二进制补码
32	00100000
－ 25	＋ 11100111
7	00000111

从上面的计算示例可以看到,采用补码表示法进行加、减法运算十分便捷,因为可以不必判断数的正负,只要符号位参加运算,便能自动得到正确的结果。这样计算机中就可以只需要加法器,以减少逻辑电路的种类,提高硬件的可靠性。因此目前大多数计算机中的数据都采用补码表示形式。

2.2.2 实数的浮点表示

在解决实际问题的时候,除了要处理整数之外,还需要处理实数,那么就需要解决计算机中小数点的表示问题。在计算机中,通常采用隐含规定小数点的位置来表示实数,而不是用一个二进制位来表示小数点。

根据小数点的位置是否固定,数的表示方式可以分为定点表示方式和浮点表示方式。通常将小数点的位置固定在数值的最右端或数值的最左端,前者称为定点整数或纯整数,后者称为定点小数或纯小数。例如,二进制数据 0101B,当规定小数点的位置在数值的最右端时,它的值为 +101B;当规定小数点的位置在数值的最左端时,它的值为 +0.101B。这里要注意一点,计算机一旦确定了小数点的位置,在计算机系统中就不再改变。也就是说,如果计算机中采用定点表示法表示定点整数,那么就不能再采用定点表示法来表示定点小数;反之亦然。

定点表示方式简单、方便,但是表示数据的范围十分有限。因此在现代的计算机系统中,通常采用浮点表示方式来表示带小数的数据。目前,计算机大都采用浮点表示方式,或同时具有定点、浮点两种表示方式。

任意一个十进制数 N 可以写成:

$$N = 10^E \cdot M$$

同样,在计算机中的一个任意进制数 N 可以写成:

$$N = R^e \cdot M$$

其中,M 称为浮点数的尾数,是一个纯小数。e 称为浮点数的指数,是一个整数。基数 R 对二进制的机器是一个常数 2。

因此,在计算机中表示一个浮点数时,需要给出的信息有三个内容。一是要给出尾数,用纯小数表示,尾数部分给出有效数字的位数,因而决定了浮点数的表示精度。二是要给出指数,用整数表示,通常称为阶码,阶码指明小数点在数据中的位置,因而决定了浮点数的表示范围。三是要给出浮点数的符号。

但是尾数、指数所占的位数可以根据需要由计算机生产厂商按需要来设计规定,不同位数的尾数和指数会影响所能表达浮点数的范围、精度等。为了便于软件移植,大家都遵循同一个标准,即 IEEE 754 标准。按照 IEEE 754 标准,32 位浮点数的标准格式如图 2-2 所示。

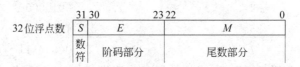

图 2-2　IEEE 754 标准的 32 位浮点数表示格式

其中,S 为浮点数的符号位,占 1 位,安排在最高位,$S=0$ 表示正数,$S=1$ 表示负数。M 是尾数,占 23 位,放在低位部分,用小数表示,小数点放在尾数部分的最前面。E 是阶码,占 8 位,其中包含了阶码的符号。

2.3　文字在计算机中的表示

现代计算机不仅处理数值领域的问题,而且处理大量非数值领域的问题,例如文字、字母以及某些专用符号,以便表示文字语言、逻辑语言等信息。然而计算机只能处理二进制数据,因此,上述信息应用到计算机中时,都必须编写成二进制格式的代码,也就是字符信息用数据表示,称为符号数据。

2.3.1　字符的表示

目前国际上普遍采用的一种字符编码是 ASCII 码(American Standard Code for Information Interchange)。十进制数据表示的 ASCII 码如表 2-7 所示。

ASCII 码是 7 位二进制编码构成的无符号整数,可以表示 2^7 共 128 种字符。其中包括 10 个十进制数码,52 个英文字母(大小写各 26 个)和一定数量的专用字符。在计算机中用 8 位二进制编码表示一个 ASCII 码字符,最高位为 0。例如 0~9 对应的 ASCII 码为 48~57;A~Z 对应的 ASCII 码为 65~90;a~z 对应的 ASCII 码为 97~122。

2.3.2　汉字的表示

计算机只能识别二进制数码,任何信息在计算机中都是以二进制形式存放的,汉字也不例外。要在计算机中处理汉字,必须要解决几个问题。首先,键盘上没有汉字,不可能直接与键盘对应,需要输入码来对应。第二个问题,汉字在计算机中需要能进行存放、查找等操作,这样就需要一种在计算机内部的编码表示。第三个问题,汉字的数量大,字型变化复杂,如何输出也是必须要解决的问题。

表 2-7　ASCII 码表（用十进制数表示）

字符	ASCII 码	字符	ASCII 码	字符	ASCII 码	字符	ASCII 码
nul	0	sp	32	@	64	`	96
soh	1	!	33	A	65	a	97
stx	2	"	34	B	66	b	98
etx	3	#	35	C	67	c	99
eot	4	$	36	D	68	d	100
enq	5	%	37	E	69	e	101
ack	6	&	38	F	70	f	102
bel	7	`	39	G	71	g	103
bs	8	(	40	H	72	h	104
ht	9	)	41	I	73	i	105
nl	10	*	42	J	74	j	106
vt	11	+	43	K	75	k	107
ff	12	,	44	L	76	l	108
er	13	—	45	M	77	m	109
so	14	.	46	N	78	n	110
si	15	/	47	O	79	o	111
dle	16	0	48	P	80	p	112
dc1	17	1	49	Q	81	q	113
dc2	18	2	50	R	82	r	114
dc3	19	3	51	S	83	s	115
dc4	20	4	52	T	84	t	116
nak	21	5	53	U	85	u	117
syn	22	6	54	V	86	v	118
etb	23	7	55	W	87	w	119
can	24	8	56	X	88	x	120
em	25	9	57	Y	89	y	121
sub	26	:	58	Z	90	z	122
esc	27	;	59	[	91	{	123
fs	28	<	60	\	92	|	124
gs	29	=	61	]	93	}	125
re	30	>	62	^	94	~	126
us	31	?	63	_	95	del	127

1. 汉字的输入码

为了能直接使用英文标准键盘把汉字输入到计算机,就必须为汉字设计相应的输入编码方法。目前采用的方法主要有以下三类:

(1) 区位编码。常用的是国标区位码,是根据我国于 1980 年颁布的国家标准 GB 2312—80(《中华人民共和国国家标准信息交换汉字编码》,简称国标码)来进行编码的。

在 GB 2312—80 标准中,对 6763 个汉字和 682 个图形符号进行了编码,涵盖了大多数常用汉字。在国标码中,一个汉字用 16 位二进制表示(即用两个字节表示),每个字节也只用了 7 位,其最高位未作定义。

区位码是将国家标准局公布的 6763 个两级汉字分为 94 行、94 列,其中行号称为区号,列号称为位号,最多可以表示 94×94＝8836 个字。实际上把汉字表示成二维数组,每个汉字在数组中的下标就是区位码。区码和位码各两位数字,因此输入一个汉字需按键四次,用数字串代表一个汉字的输入。国标码是一个十六进制的四位数据编码,区位码是一个十进制的四位数据编码,这两种编码之间有简单的对应关系,即某汉字的区位码编码转换成十六进制后加上常数"2020H"就是国标的编码。例如,汉字"大学"的区位码是20 83 49 07(十进制表示,前四个数字是"大"的区位码,后面四个是"学"的区位码),"大学"的国标码是(34 73 51 27) H。

区位编码输入的优点是无重码,且输入码与内部编码的转换比较方便,缺点是代码难以记忆。

(2) 拼音码。拼音码是以汉语拼音为基础的输入方法。使用简单方便,但汉字同音字太多,输入重码率很高,按拼音输入后所必须进行的同音字选择影响了输入速度。

(3) 字形编码。字形编码是用汉字的形状来进行的编码。把汉字的笔画部件用字母或数字进行编码,按笔画的顺序依次输入,就能表示一个汉字。例如,五笔字型编码就是最有影响的一种字形编码方法。

为了加快输入速度,在上述方法基础上,发展了词组输入、联想输入等多种快速输入方法,但都是利用键盘进行"手动"输入。理想的输入方式是利用语音或图像识别技术"自动"将语音或文本输入到计算机内,使计算机能听懂汉语,认识汉字,并将其自动转换为机内代码表示。目前这种理想已经成为现实。

2. 汉字的内码

汉字内码是计算机内部对汉字信息进行存储、交换、检索等操作所使用的编码,也称为汉字的机内码。从输入设备输入汉字的代码(输入码)后,一般要由相应的软件系统将它转换成内码后才能进行存储、传递、处理。

在计算机内部,汉字编码和西文编码是共存的,如何区分它们是个很重要的问题,因为对不同的信息有不同的处理方法。

不同的计算机系统使用的汉字内码可能不同,目前使用最广泛的一种是变形国标码。这种格式的内码是将国标 GB 2312—80 编码中未定义的两个字节的最高位都置为 1 得到的。这种内码表示方法的最大优点是表示简单,而且与国标码有明显的对应关系,同时也解决了中西文字符机内码的区分问题。例如,汉字"大"的国标码是(34 73) H,"大"的机内码是(B4 F3) H。

另一种普遍使用的编码是 Unicode 码。Unicode 码是一个多种语言的统一编码体系,已经成为一个国际标准。Unicode 编码采用的是 16 位编码体系,因此可以表示65 536(2^{16})个字符,其中的 39 000 个字符编码已经做了规定。Unicode 码的前 128 个编码用来表示 ASCII 码,另外还有 21 000 个编码用于表示汉字,尚未定义的编码留待以后使用。微软的 Office 软件系统就是基于 Unicode 编码的软件,因此无论文档以何种语言撰写,只要操作系统支持该语言的字符,Office 程序都能正确识别和显示文档。

3. 汉字的字形码

汉字是一种象形文字,每个汉字可以看作是一个特定的图形,这种图形可以用多种方

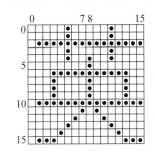

图 2-3　16×16 点阵字形示意图

法表示,最基本的就是用点阵表示。汉字的字形码就是用点阵表示的汉字字形代码,是汉字的输出形式。每个点即二进制的一个位,由 0 或 1 表示不同的状态,如明或暗等特征,如图 2-3 所示。

　　根据汉字输出的要求不同,点阵的多少也不同,所占的存储空间大小也不同。一个汉字点阵中,行数、列数分的越多(即点数越多),描绘的汉字越清晰美观,但占用的存储空间也越多。所有汉字字形码信息的集合就构成了汉字的字库,不同字体的汉字需要不同的字库。汉字字形点阵的信息量是很大的,所占用的存储空间也是很大的,例如对 16×16 的点阵,每个汉字要占 32 个字节,而对一个 24×24 的点阵,每个汉字就要占 72 个字节。

　　当需要输出一个汉字时,首先要根据该汉字的内码找出其字形信息在汉字库中的位置,然后取出该汉字的字形信息在屏幕上输出或在打印机上打印输出。

　　注意,汉字的输入码、内码和字形码是计算机中用于输入、内部处理和输出三种不同用途的编码,请读者注意区分,不要混淆。

2.4　声像数据在计算机中的表示

　　除了数字、文字,计算机还能处理声音、图像等数据。声音、图像数据的特殊之处在于,需要把现实世界中的声光模拟信号与计算机中保存、处理的数字离散信号相互转换。

2.4.1　声音在计算机中的表示

　　声音是由于空气中的分子的振动,传播到人们的耳朵中,在耳朵中所感到的振动就是声音。空气分子的振动过程可以用一条连续的曲线来表示,其形状像波浪一样上下起伏,故称其为声波。声波是随时间连续变化的模拟量,它的重要参数是:

　　振幅:通常是指音量,它是声波波形的高低幅度,表示声音信号的强弱程度。振幅与音量成正比关系。

　　周期:两个相邻信号波峰之间的时间间隔。

　　频率:是指每秒钟内波峰的数目或周期数量,即为周期的倒数,用赫兹(Hz)表示。

　　声音是模拟信号,是以连续波的形式传播的,而计算机只能处

理数字信号量,数据的值只能是 0 和 1 的形式。这样,计算机在获取声音信号时,必须首先对其进行数字化处理。声音的数字化包括以下步骤:

(1)采样。采样就是每隔固定时间间隔对模拟音频信号截取一个振幅值,是以有限个数的点即离散点去近似代替原来连续的信号,如图 2-4 所示。

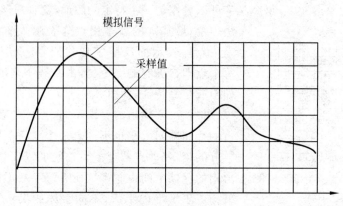

图 2-4　模拟信号的采样和量化

采样时间间隔称为采样周期,其倒数称为采样频率,采样频率就是一秒钟内采样的次数。目前对声音进行采样的三个标准采样频率分别为 44.1kHz、22.05kHz 和 11.025kHz。采样频率越高,即时间间隔划分越小,单位时间内获取的声音样本数就越多,数字化后的音频信号就越好。当然所需要的存储量也就越大。

(2)量化。量化就是将采样的幅值用一个确定的值来表示,表示采样值的二进制位数称为量化位数,即每个采样点能够表示的数据范围。量化位数的多少决定了采样值的精度。现一般采用有 8 位和 16 位两种。例如,8 位量化位数可表示 256 个等级不同的量化值;16 位量化位数可表示 65 536 个不同的量化值。

因此,对一个采样而言,使用的量化位数越多,则得到的数字波形与原来的模拟波形越接近,同时需存储的信息量也越多,但数字音频的音质也就越好。

(3)编码。编码是按照一定的格式和一定的原则将经过采样和量化得到的离散数据信息以二进制的形式进行记录的过程。

2.4.2　图像在计算机中的表示

图像是我们日常经常接触和熟悉的东西,如光学图像、照片、图片以及人眼看到的一切景物图像等,它们有一个共同的特点是其亮度的变化是连续的,这称为模拟图像。而计算机只能处理数字信息,要使其能处理图像信息,必须将模拟图像转化为数字图像,这一过程称为模拟图像的数字化。

图像数字化即将真实图像转变为计算机能够处理的二进制代码,这个过程包括采样、量化和编码三个步骤。

(1)采样。采样就是将二维空间上模拟图像的连续亮度信息转化为用一系列有限的离散数值来表示。具体做法就是设定一定的宽度（通常称为采样间隔），在水平和垂直方向上将图像分割成矩形点阵的网状结构。采样结果是整幅图像画面被划分为由 $M \times N$ 个像素点构成的离散像素点集合。如图 2-5 所示。像素点越多，图像就越逼真。

图 2-5　图像的数字化

（2）量化。量化是将连续量表示的像素值进行离散化，即使用有限的离散数值来代替无限的连续量。这些有限的离散数值称为量化级数，就是颜色数。

（3）编码。编码是在采样和量化后，将图像中的每个像素的颜色值使用不同的二进制代码进行记录。

图像的数字化过程使连续模拟量变成了离散数字量，相对原来的模拟图像，数字化过程带来了一定的误差，会使图像重现时有一定程度的失真。但由于人眼的空间分辨率和亮度层次分辨率都受到客观局限，只要恰当地选取采样间隔与量化级数，上述误差是可以忽略的。

习　题　2

1. 数制转换

(1) 1234D=(　　　)B=(　　　)H

(2) 12.5=(　　　)B=(　　　)O=(　　　)H

(3) 0FH=(　　　)B=(　　　)D

(4) 00011000.11B=(　　　)H=(　　　)D

(5) [+52]₍原₎=(　　　)　　[+52]₍反₎=(　　　)

　　[+52]₍补₎=(　　　)　　[-52]₍原₎=(　　　)

　　[-52]₍反₎=(　　　)　　[-52]₍补₎=(　　　)

2. 计算机采用哪种进制数？为什么？

3. 简述汉字在计算机中的表示形式。

4. 简述图像、声音的数字化原理。

参 考 文 献

[1] 唐永华,刘鹏,于洋,等. 大学计算机基础[M]. 2 版. 北京：清华大学出版社,2015.

[2] 卫春芳,张威. 大学计算机基础教程[M]. 北京：科学出版社,2016.

[3] 帕森斯,奥加. 计算机文化[M]. 15 版. 吕云翔,傅尔也,译. 北京：机械工业出版社,2014.

[4] 王移芝编. 大学计算机[M]. 5 版. 北京：高等教育出版社,2015.

[5] 黛尔,路易斯. 计算机科学概论[M]. 5 版. 吕云翔,刘艺博,译. 北京：机械工业出版社,2016.

[6] 姚琳,汪红兵. 多媒体技术基础及应用[M]. 北京：清华大学出版社,2013.

[7] 赵子江. 多媒体技术应用教程[M]. 7 版. 北京：机械工业出版社,2013.

第 3 章

计算机硬件

计算机系统包括硬件和软件两大部分。硬件系统是使计算机能够运行的物质基础，计算机所执行的所有任务，如数据存储、传输、计算等都必须通过硬件来完成。组成计算机的基本部件有中央处理器 CPU（运算器和控制器）、存储器和输入输出设备。只有硬件而没有任何软件支持的计算机称为裸机。软件系统是在用户和计算机硬件之间架起的桥梁。本章首先介绍计算机硬件的基础知识，进而在此基础上讲解计算机的工作原理。

3.1 冯·诺依曼模型

通用计算设备，也就是计算机最初的设想是阿兰·图灵（Alan Turing）于 1937 年首次提出的，现在被称为图灵模型。该模型将当时只能处理单项任务的"数据黑盒处理器"改变为一个可编程/可控制的数据处理器，模型示意如图 3-1 所示。可以看出，最终的输出数据由两个影响因素决定，即输入数据和程序。随着程序模块的改变，这个通用计算机模型从理论上讲，可以进行任何计算。

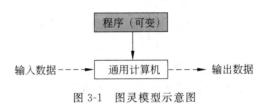

图 3-1　图灵模型示意图

在图灵模型的基础上，冯·诺依曼（von Neumann）于 1945 年左右提出了一种新的计算机模型结构，即冯·诺依曼模型。该模型提出，程序可以和数据一样，存储在计算机的存储器中，因为程序和数据，从表示形式上看，本质是相同的。冯·诺依曼模型的结构如图 3-2 所示，主要有 4 个组成部分：存储器（Memory）、算术逻辑运算单元（Arithmetic Logic Unit，ALU）、控制单元（Control Unit，CU）和输入输出系统（Input/Output System）。也有将算术逻辑运算单元和控制单元合称为中央处理器（Central Processing Unit，CPU），将冯·诺依曼模型看作由三部分组成的情况。该模型思想沿用至今，也是现在通用计算机的结构模型。

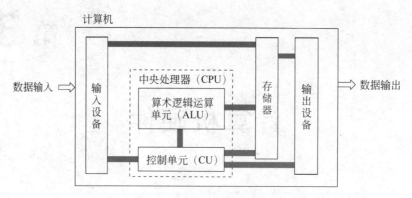

图 3-2　冯·诺依曼模型示意图

3.2　计算机硬件组成

要了解计算机的主要硬件组成,以及各组成部分的作用,我们可以分析一下手工进行算术题目求解的过程。在完成算术题目求解的过程中,我们通常需要使用的东西有三类。首先是笔,用它来记录必要的信息;第二个是纸,将信息记录在纸上;第三个是人,主要是人的大脑和手,只有在人的控制下,按照一定的步骤运算才能得到正确的结果。

计算机进行题目求解的过程和人手工求解的情况相似,也必须有原始数据的输入、运算结果的输出、解题过程的控制、解题步骤的记录等。在计算机中相当于笔那样把原始信息送到计算机或把计算结果显示出来的设备称为"输入输出设备";相当于纸那样记录信息的设备称为"存储器";相当于人脑那样控制整个计算过程并进行计算的设备称为"中央处理器"。

为了更直观地了解计算机的硬件组成,看看销售计算机的时候,会列出的一些详细参数,如表 3-1 所示。根据上面的说明,可以知道,表中关于处理器部分,除了总线规格以外,其他几项都决定了计算机的处理能力,简单理解就是计算机的计算速度;存储设备中,内存的容量和类型也一定程度上会影响计算机的处理能力,而硬盘则基本不会。下面分别介绍计算机的各主要硬件组成部分以及这些性能指标所代表的含义。

表 3-1　常见计算机性能描述指标

处理器	存储设备	显卡	I/O 接口
CPU 型号	内存容量	显卡类型	数据接口
CPU 主频/速度	内存类型	显存容量	视频接口
总线规格	硬盘容量		音频接口
二级/三级缓存	硬盘转速		其他接口
核心/线程数			

仅有主机的系统是没有任何实际意义的,要想让计算机工作还必须有相应的软件(包括系统软件和应用软件)。也就是说,计算机系统包括硬件系统和软件系统两大部分,如图 3-3 所示。本节主要介绍计算机硬件系统的组成,关于软件系统将在后面的章节进行介绍。

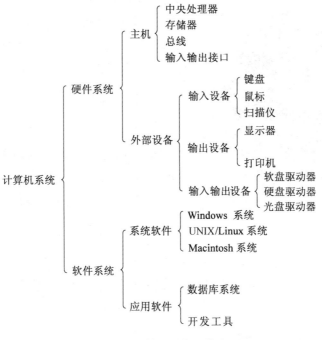

图 3-3　计算机系统的构成

3.2.1　中央处理器

中央处理器简称 CPU,是计算机的核心组成部分。从硬件特性角度来看,CPU 是一块集成电路芯片,装置在主板的 CPU 插座上,通过引脚和计算机的其他部件进行通信。从功能特性角度来看,CPU 主要包括运算器和控制器两个部件。图 3-4 所示的是 Intel Pentium 4 某一个型号 CPU 的外形。

图 3-4　CPU 外形示意图

CPU 工作时电子元器件会散发出一定热量,随着热量的增加,会引起系统不稳定,甚至会烧毁 CPU,因此需要风扇来为 CPU 降温。图 3-5 为一个 CPU 风扇的示意图,上部为扇叶,下部为散热片。CPU 在安装时会使用硅胶来和风扇紧密连接在一起,硅胶是导热的,负责把 CPU 的热量疏导至散热片上。CPU 在达到一定温度时会自动关闭或重启计算机,达到自我保护的目的。

CPU 中的运算器负责对数据进行算术和逻辑运算(即对数据进行加工处理);控制器负责完成协调和指挥整个计算机系统的操作。

1. 运算器

运算器又称为算术逻辑运算单元(ALU),是数据加工处理部件。运算器的主要功能是执行所有的算术运算和逻辑运算及测试。运算器是接受控制器的命令而进行动作的。

图 3-5　CPU 风扇示意图

2. 控制器

控制器又称为控制单元(CU),是发布命令的"决策机构",负责完成协调和指挥整个计算机系统的操作。控制器的主要功能包括从内存取出指令、分析测试指令并产生相应的操作控制信号、指挥并控制各个设备之间的数据流动方向等。

3. CPU 的主要性能指标

CPU(中央处理器)品质的高低直接决定了一个计算机系统的档次。反映 CPU 品质最重要的性能指标是主频和字长。

CPU 的主频,即 CPU 内核工作的时钟频率(CPU Clock Speed),简单说是 CPU 运算时的工作频率(1 秒内发生的同步脉冲数)的简称,它反映了 CPU 的整体工作速度。随着计算机的发展,主频由过去的 MHz 发展到了现在的 GHz(1G＝1024M)。主频和实际的运算速度存在一定的关系,但目前还没有一个确定的公式能够定量两者的数值关系,因为 CPU 的运算速度还要看 CPU 的流水线等各方面的性能指标(缓存、指令集、CPU 的字长等)。由于主频并不直接代表运算速度,所以在一定情况下,很可能会出现主频较高的 CPU 实际运算速度较低的现象。但是,对于同系列 CPU,主频越高就代表处理器的速度也越快。例如,如果一个 CPU 的主频是 3.06GHz,就是说这个 CPU 内数字脉冲信号震荡的速度是每秒 3 060 000 000 次。

字长是指 CPU 可以同时处理的二进制数据位数。人们通常所说的 16 位机或 32 位机就是指该计算机中的 CPU 可以同时处理 16 位或 32 位的二进制数据。早期有代表性的 IBM PC/XT、IBM PC/AT 与 286 机是 16 位机,386 机和 486 机是 32 位机,Pentium 机也是 32 位的计算机。目前,主流的 CPU 都是 64 位的,同时兼容 32 位的处理能力。

二级/三级缓存是指能够高速运行的缓冲存储设备,简称缓存(Cache)。关于存储器的具体知识参见 3.2.2 节中的介绍。目前计算机中的缓存分为三个级别:一级缓存(L1 Cache),二级缓存(L2 Cache)和三级缓存(L3 Cache)。一级缓存制作在 CPU 的内部,容量不是很大,与 CPU 同频率(高速)运行,且可以直接与 CPU 进行信息交互,因此可以大幅度节省存取时间。但是一级缓存的成本非常高,一般容量都不会设计太大。现在 CPU 的一级缓存几乎都一样,所以在销售计算机的性能描述指标中没有特别列出。二级缓存相当于是一级缓存的缓冲器。对于不同品牌的 CPU,二级缓存对其性能的影响不尽相同,但总体来说,有助于提升 CPU 的性能。以 Intel 处理器为例,二级缓存容量越大,CPU 性能提升越明显。CPU 在读取数据时,寻找顺序依次是 L1 Cache→L2 Cache→L3 Cache→内存,而这几类存储设备的速度和成本却是按照这个次序递减的。三级缓存的应用可以进一步提升 CPU 的性能。

摩尔定律是由英特尔(Intel)创始人之一戈登·摩尔(Gordon Moore)于 1965 年提出来的。其内容为:当价格不变时,集成电路上可容纳的元器件的数目,约每隔 18~24 个月便会增加一倍,性能也将提升一倍。换言之,每一美元所能买到的计算机性能,将每隔 18~24 个月翻一倍以上。这一定律揭示了信息技术进步的速度。虽然 CPU 如摩尔定律预言的那样快速发展了很长一段时期,然而 2010 年国际半导体技术发展路线图的更新增长已经放缓在 2013 年年底,之后的时间里晶体管数量密度预计只会每三年翻一番,CPU 的发展已然面临着"摩尔定律失效后怎么办?"的问题。为了能够在摩尔定律失效后依旧可以保持 CPU 性能的稳步提升,多核技术应运而生。

核心数是指集成在一个单芯片上的处理器内核个数,其中每个内核都有自己的逻辑单元、控制单元、运算单元、缓存等,它的部件完整性和单核处理器内部相比完全一致。多核技术能够使 CPU 并行处理任务,提升性能。在销售计算机的性能指标中看到的例如"双核心四线程"的信息代表 CPU 中有两个核心,但是利用了超线程技术,一个内核就有 2 个线程,所以两个内核就有 4 个线程。超线程技术是一种硬件机制,支持在单个处理器内核上,多个硬件线程在单个时钟周期内的同时执行,以提高 CPU 的利用率,进而提升系统性能。

3.2.2 存储器

存储器是计算机的记忆部件,用于存放计算机运行信息处理所必需的原始数据、中间结果、最后结果以及指示和计算机工作的程序。

构成存储器的存储介质目前主要采用半导体器件和磁性材料。一个双稳态半导体电路或一个 CMOS 晶体管或磁性材料的存储元,均可以存储一位二进制信息。这个二进制信息位是存储器中最小的存储单位,称为一个存储位或存储元。由若干个存储元组成一个存储单元,然后由多个存储单元组成一个存储器。

1. 存储器的种类

根据存储材料的性能及使用方法不同,存储器有各种不同的分类方法。

(1) 按在计算机系统中的作用可分为内存储器、外存储器、高速缓冲存储器等。内存储器简称内存,也称为主存储器,与外存储器相比存取速度较快,但容量较小,价格较贵。外存储器简称外存,也称为辅助存储器,主要有磁盘存储器(软盘、硬盘、U 盘)、光盘存储器等。高速缓冲存储器简称 Cache,和内存相比,它存取速度快,但是成本较高,因此通常设计为小容量存储器。

(2) 按存储介质可分为用半导体器件组成的存储器(半导体存储器)和用磁性材料做成的存储器(磁表面存储器)。高速缓冲存储器、内存和固态硬盘均为半导体存储器,磁盘存储器就属于磁表面存储器。

(3) 按存取方式可分为顺序存储器和随机存储器。如果存储器只能按某种顺序来存取信息,这种存储器就称为顺序存储器,例如磁带。如果存储器中的内容都能被随机存取,这种存储器称为随机存储器,例如半导体存储器。

(4) 按存储器的读/写功能可分为只读存储器(Read Only Memory, ROM)和随机读/写存储器(Random Access Memory, RAM)。如果存储的内容是固定不变的,即只能读出不能写入,这种存储器称为只读存储器。如果存储的内容在常态下既能读出又能写入,就称为随机读/写存储器。

(5) 按信息的可保存性可分为非永久性记忆存储器和永久性记忆存储器。如果存储的内容在断电后就消失,这种存储器称为非永久性记忆存储器。如果存储的信息在断电后仍然能保存,这种存储器称为永久性记忆存储器。磁性材料做成的存储器是永久性记忆存储器,半导体随机读/写存储器是非永久性记忆存储器。

2. 内存储器

内存储器即内存,通常由半导体存储器组成,与外存比它具有速度快的优点,但是相对外存它的价格高、容量小,其外形如图 3-6 所示。

在内存中,有一小部分用于永久存放特殊的专用数据,对它们只进行读取操作,这部分称为只读存储器(ROM)。大部分内存是随机读/写存储器(RAM)。计算机工作时 RAM 能准确地保存数据,但是这种保存功能需要电源的支持,一旦断电,RAM 中的数据就会立即全部消失。而 ROM 中的内容只要接通电源就可以读取,在断电的时候信息也不会丢失。

程序运行之前,程序和数据都将通过输入设备送入内存;程序运行过程中,内存不仅要为其他部件提供必要的信息,还要保存程序运行所产生的中间结果。因为内存要和 CPU、输入输出设备进行数据交互,所以内存是否能够

图 3-6　内存外形示意图

快速地进行数据存取操作是计算机的主要性能指标之一。

下面介绍几个关于内存的重要概念。

（1）基本存储单位

位（bit）：计算机的最小存储单位称为位，每一位只能存储一个信息，即 0 或 1。

字节（Byte）：每八位二进制位组成一个字节（即 1Byte＝8bit），使用最普遍的基本存储单位是字节。我们使用的 ASCII 码，存储单位就是一个字节。

字（Word）：两个字节称为一个字。目前汉字的存储单位是一个字。

（2）地址

内存由许多存储单元组成，为了区别不同的存储单元，所有的存储单元都按一定顺序编号，这些编号称为地址编码，简称地址。当计算机要把信息存入某个存储单元中或从某存储单元取出时，首先要告诉计算机该存储单元的地址，然后再由存储器查找与该地址对应的存储单元，查到后才能进行数据的存取操作。存储器的地址通常用十六进制表示，是无符号整数。

存放一个字的存储单元，通常称为字存储单元，相应的单元地址叫字地址。而存放一个字节的单元，称为字节存储单元，相应的地址称为字节地址。

（3）存储容量

在一个存储器中可以容纳的存储单元总数通常称为该存储器的存储容量。存储容量越大，能存储的信息就越多。

在计算机各种存储介质的存储容量表示中（例如软盘、内存、硬盘、光盘），用户所接触到的存储单位不是位、字节和字，而是 KB、MB、GB 等。这不是新的存储单位，都是基于字节（Byte）的。

KB：1KB＝1024B。在早期用的软盘有 360KB 和 720KB 的。

MB：1MB＝1024KB。计算机中保存的文件大小大多数为 KB～MB 级别。

GB：1GB＝1024MB。目前计算机的内存通常为 GB 级别。

TB：1TB＝1024GB。目前硬盘的容量最常见的为 GB 和 TB 级别。

PB：1PB＝1024TB。社交媒体网站、电商网站等通常会生成 PB 级的数据，例如腾讯称其数据积累总量超过 1000PB。

（4）内存储器的主要性能指标

内存储器的主要性能指标是存储容量、存取时间、存储周期和存储器带宽。

存储容量是描述计算机存储能力的指标，存储容量越大，能存储的信息就越多，能处理的数据量就越庞大。

存取时间又称存储访问时间，是指从启动一次存储器操作到完成该操作所经历的时间。例如，从一次读操作命令发出到该操作完成，将数据读入 CPU 为止所经历的时间就是存储器的读取时间。

存储周期是指连续启动两次读操作所需间隔的最小时间。通常，存储周期略大于存取时间，其时间单位为 ns。

存储器带宽是单位时间里存储器所存取的信息量，通常以"位每秒"或"字节每秒"为单位。带宽是衡量数据传输速率的重要技术指标。

存取时间、存储周期、存储器带宽都反映了内存的速度指标。不同类型的内存,在传输率、工作频率、工作方式、工作电压等方面都有不同,目前双倍速率同步动态随机存储器(Double Data Rate SynchronousDynamic RAM,DDR SDRAM)内存占据了市场的主流。

3. Cache 存储器

CPU 执行指令的速度远远高于内存的读/写速度,而且 CPU 执行一条指令通常要访问内存一次或几次,所以内存的存取速度将制约 CPU 执行指令的效率。为了解决这一矛盾,计算机系统中引入了高速缓冲存储器。

高速缓冲存储器简称 Cache,通常为半导体存储器,主要用来存放当前内存中频繁使用的程序和数据。Cache 的存储容量较小,但是速度介于 CPU 和内存之间,更接近于 CPU 的速度,价格也较内存高。CPU 内部通常都封装有一块 Cache 存储器芯片,Cache 的容量越大,相应的价格也越高。

一般来说,程序的执行在一段时间内总是集中在程序代码的某一个范围内,如果将这段程序代码一次性调入并存放在 Cache 中,只要程序的执行不超出这段代码的范围,Cache 就可以高速地为 CPU 提供执行指令所需要的代码。在此期间,CPU 只对 Cache 进行访问,而不需要对内存进行访问操作,从而加快了 CPU 执行指令的效率。

当 CPU 读取内存中一个字时,便发出此字的内存地址到 Cache 和内存。此时 Cache 控制逻辑依据地址判断此字当前是否在 Cache 中。若在 Cache 中,此字立即传送给 CPU;若不在 Cache 中,则用主存读周期把此字从内存读出送到 CPU,与此同时,把含有这个字的整个数据块从内存读出送到 Cache 中。因此,CPU 即将使用的程序和数据在 Cache 中能够找到的比例越大,计算机执行指令的效率越高。

4. 常用外存储器

外存储器也称为辅助存储器,简称为外存或辅存,是内存的扩充。外存的存储容量较大、价格也相对便宜,但是存取速度慢,一般用来存放暂时不用的信息,如程序、数据等。需要使用外存中的信息时,这些信息将被调入内存。外存只能与内存进行信息交互,不能被计算机系统中的其他部件直接访问。常用的外存有软磁盘存储器、硬磁盘存储器、闪速存储器和光盘存储器等。

(1) 软磁盘存储器

软磁盘(Floppy Disk)存储器简称软盘。软盘是一种涂有磁性物质的聚酯塑料薄膜圆盘,通常被封装在塑料保护套内。软盘有 8 英寸、5.25 英寸、3.5 英寸三种,常见的是容量为 1.44MB 的 3.5 英寸软盘,也被简称为 3 寸软盘。图 3-7 所示为 3.5 英寸软盘的外形。

软盘必须置于软盘驱动器中才能正常读/写。软盘插入驱动器内时,要正面朝上,此外还要注意,当软盘驱动器的工作指示灯亮着的时候,不要插入或取出软盘,否则会损坏软盘,甚至可能损坏驱动器。

软盘两面都可以存储数据,每一面都包含许多看不见的同心圆,称为磁道。一个磁道大约有零点几个毫米的宽度,数据就存储在这些磁道上,它由外向内编号。每个磁道又被划分成相等的区域,称为扇区,每个扇区存储 512 个字节。软盘在初次使用之前必须要先格式化,格式化的目的就是将软盘的每个面分成若干个磁道,每个磁道又分为若干个扇区,软盘的内部结构如图 3-8 所示。

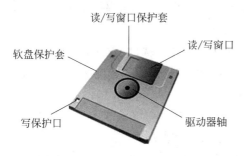

图 3-7　3.5 英寸软盘外形示意图

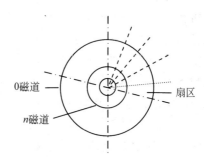

图 3-8　软盘内部结构示意图

一个 3.5 英寸的软盘有 80 个磁道,每个磁道有 18 个扇区,两面都可以存储数据。这样计算它的容量:$80 \times 18 \times 2 \times 512B = 1440KB \approx 1.44MB$。

使用软盘要注意,不要划伤盘片,盘片不能变形、不能受高温、不能受潮、不要靠近磁性物质等。

（2）硬磁盘存储器

硬磁盘(Hard Disk)存储器简称硬盘,是计算机系统的主要辅助存储器。硬盘中,存储介质由安装在轴上的一个或多个盘片组成,每个盘片上都覆盖着一层很薄的磁性薄膜,通常两面都有。盘片的每一面都有一个读/写磁头。不同盘片相同半径的磁道所组成的圆柱称为柱面。硬盘的盘体和读/写磁头通常被封装在一个密封的、对空气进行过滤的外壳中,其外形如图 3-9 所示。

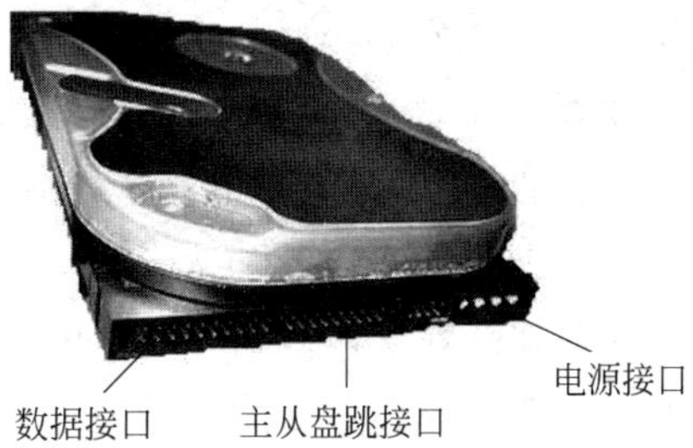

图 3-9　硬盘示意图

硬盘在初次使用时需要进行格式化,将盘片划分成若干个磁道,每个磁道再划分成若干个扇区,每个扇区通常包含 512 字节的信息。硬盘上的一个物理记录块要用三个参数来定位:柱面号、扇区号和磁头号。硬盘容量的计算公式为:硬盘容量＝柱面数×磁头数×扇区数×512 字节。

存取速度是硬盘的一个重要性能指标。影响存取速度的因素包括:平均寻道时间、数据传输率、盘片的旋转速度和缓冲存储器的容量等。一般来说,转速越高的硬盘,寻道的时间也越短,而且传输率也很高,但转速越快发热量也越大,不利于散热。现在个人用计算机的主流硬盘转速一般为 7200rpm(转每分钟)。

（3）闪速存储器

20 世纪 90 年代 Intel 公司推出了闪速存储器。闪速存储器通常也被称作闪存、优盘或 U 盘。闪存是一种高密度、非易失性(所存储的数据在掉电后不会丢失)的读/写半导体存储器,它采用的存储介质为闪存存储介质(Flash Memory),它改善了现有存储器的特性,是一种全新的存储器技术。

闪存不需要额外的驱动器,已经将驱动器及存储介质合二为一,只要连接在计算机的通用串行总线(USB)接口上就可独立地存储或读/写信息。可用于存储任何格式的信息,并可在计算机间方便地交换信息。闪存体积很小,重量极轻,非常适合随身携带。闪存中无任何机械式装置,抗震性能也极强。

使用闪存时要注意,当闪存指示灯快闪时,表示计算机在读/写闪存的状态下,此时不要拔下闪存;当插入闪存后,最好不要立即拔出,特别是不要反复快速插拔,因为操作系统需要一定的反应时间,中间的间隔最好在 5 秒以上。

基于闪存技术,大容量的固态硬盘走进了人们的视野。固态硬盘本质上是将大量闪存芯片集成,并配以控制单元构成的。由于固态硬盘的数据读/写是通过读/写存储芯片实现的,而不是像磁盘那样需要磁头等机电装置,故其读/写速度要高于传统的磁介质硬盘。然而,固态硬盘有一定的读/写寿命,而且一旦某个存储芯片损坏,其中所有的数据都将丢失且无法恢复,数据安全性不如磁介质硬盘。但是随着技术的进步,固态硬盘正得到越来越广泛的应用。

(4) 光盘存储器

大容量存储设备也可以使用光学的方法来实现,我们所熟悉的用于音频系统的光盘(Compact Disk,CD)就是这种技术的第一个应用。目前用于计算机系统的光盘有三类,即只读光盘(CD-ROM)、可刻录光盘(CD-Recordable,CD-R)和可擦写光盘(CD-Rewritable,CD-RW)。

随着 CD 技术的成功,为了满足人们对更大容量存储器的要求,DVD(Digital Versatile Disk,数字多功能光盘)出现了。DVD 光盘的物理尺寸与 CD 光盘相同,但存储容量比后者大得多。

光盘需要通过光盘驱动器才可以和计算机进行信息交互,光盘驱动器也分为只读光驱和可刻录光驱。

5. 存储系统概述

通常对存储器的要求是容量大、速度快、成本低,但是一个存储器同时兼顾这三个方面是很困难的。为了解决这些方面的矛盾,目前在计算机系统中,通常采用多级存储体系结构,即同时使用多种存储器构成一个存储系统。例如,目前常用的同时使用高速缓冲存储器、内存和外存构成一个存储系统,从而将它们各自在容量、速度、成本方面的优势相结合。

如图 3-10 所示,高速缓冲存储器、内存和外存这三类存储器形成计算机的存储系统,每一类存储器承担的职能各不相同。其中 Cache 主要是强调存取速度快,以便使存取速度和 CPU 的运算速度相匹配;外存主要强调存储容量大,以满足计算机的大容量存储要求;内存介于 Cache 和外存之间,要求选取适当的存储容量和存取周期,使它能容纳系统的核心软件和较多的用户程序。另外从图中可以看到,CPU 只和 Cache 及内存进行直接

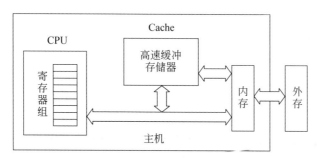

图 3-10　存储系统示意图

的数据交互,而不会和外存进行直接的数据交互。

这个存储系统对用户来说是透明的,并且从用户来看它是一个存储器,这个存储器的速度接近速度最快的那个存储器,存储容量与容量最大的那个存储器相等或接近,单位容量的价格接近最便宜的那个存储器。

在一般的计算机系统中,都有 Cache 存储系统和虚拟存储系统。Cache 存储系统由 Cache 和内存构成的,主要目的是为了提高存储器的存取速度。虚拟存储系统是由内存和硬盘构成的,主要目的是为了扩大存储器(内存)的容量。

3.2.3　输入输出设备

如果不能把计算机中的值从外界输入,或者不能把计算的结果报告给外界,那么任何计算能力都是无用的。因此,输入输出设备是计算机和外部世界沟通的渠道。计算机的输入输出设备通常称为外围设备,这些设备有高速的也有低速的,有机电结构的,也有全电子式的。由于种类繁多而且速度各异,因此它们不是直接同高速工作的主机相连接,而是通过适配器与主机相连接。适配器的作用相当于一个转换器,它可以保证外围设备用计算机系统所要求的形式发送或接收信息。一个典型的计算机系统具有各种类型的外围设备,因而有各种类型的适配器,例如常见的有连接显示器的显示适配器(显卡)、连接网络设备的网络适配器(网卡)等。

1. 输入设备

输入设备的任务是输入操作者所提供的原始信息,并将信息转变为计算机所能识别的形式,然后存放在内存中。输入设备大致有以下几种:

(1) 键盘输入设备。如键盘、控制台打字机、电传打字机等。操作人员可以通过键盘直接输入程序或其他信息。

(2) 辅助存储器。如磁盘、光盘等。系统程序和应用程序等通常都存放在外存储器中,工作时再调入内存使用。

(3) 穿孔信息输入设备。如卡片输入机、电容式输入机、光电输入机等。这类输入设备通过光电变换或其他方法将穿孔信息转换为电信号并送入计算机。

(4) 字符信息识别与输入设备。如扫描仪等。

（5）图形信息识别与输入设备。如光笔、图形板等。

（6）图像信息识别与输入设备。如数码摄像机、数码照相机、摄像头等。

（7）语音信息识别与输入设备。如麦克风等。

（8）其他输入设备。如磁卡、IC 卡等。

2．输出设备

输出设备的任务是将计算机的处理结果以能够为人们或其他机器所接受的形式输出。输出设备大致有以下几种：

（1）显示输出设备。用来显示计算结果、计算机对用户操作的响应和其他信息，常见的有显示器和投影仪等。

（2）辅助存储器。辅助存储器既是输入设备，也是输出设备。如计算机对信息处理的结果可保存到磁盘上。

（3）打印设备。常见的打印机有激光打印机、喷墨打印机和针式打印机。

（4）绘图设备。如绘图仪，用于输出复杂的工程图。

（5）音频设备。最常见的是音箱和耳机。

3．2．4　总线

前面介绍了计算机的三个主要构成部件：CPU、存储器和输入输出设备，这些系统功能部件只有协同工作才能形成一个完整的计算机系统。计算机系统大都采用一组公共的信号线作为各部件之间的通信线，这组公共信号线称为总线（Bus）。组成计算机的各部件之间、计算机系统之间，都有各自的总线。这些总线把各部件联系起来，组成一个能够传递信息和对信息进行处理的整体。因此总线作为各部件联系的纽带，在计算机的组成与发展过程中起着重要作用。由于总线涉及各个部件之间的接口和信号交换规则，它与计算机系统如何扩展和增加各类外部设备密切相关。随着计算机硬件的发展，总线结构也不断地发展与进步。

1．总线的分类

总线的类型很多，按照不同的分类方法，同一总线有不同的名称或一种总线中包含几类其他总线，例如 CPU 总线内包括控制总线、数据总线、地址总线等。总线的分类方式如图 3-11 所示。

（1）按所处位置分类

片内总线：在 CPU 内部，各个主要部件之间也是用总线连接起来的，这些 CPU 内部的总线就称为片内总线（即芯片内部的总线），有时也称为内部总线或内总线。

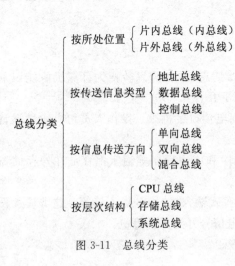

图 3-11　总线分类

片外总线：通常所说的总线(BUS)则是指片外总线，是 CPU 与内存和输入输出设备接口之间进行通信的通路，有时也称为外部总线或外总线。

（2）按传送信息类型分类

地址总线：用于传送存储器地址码或输入输出设备地址码。

数据总线：用于传送指令或数据。

控制总线：用来传送各种控制信号。

（3）按信息传送方向分类

单向总线：单向总线的功能是使连接在总线上的一些部件将信息有选择地传向另一些部件，而不能反向传送。地址总线属于单向总线，方向是从 CPU 或其他总线主控设备发往存储器或设备接口。

双向总线：双向总线则能使任何连接在总线上的部件或设备之间互相传送信息。数据总线属于双向总线，既可以从 CPU 送出，也可以从外部送入 CPU。

混合总线：混合总线中，连接在总线上的部件或设备之间信息传送有些是单向的，但有些是双向的。信息控制总线属于混合型总线，虽然控制总线中的每一根控制线方向是单向的，但各控制线的方向相对于 CPU 来说却有输入、有输出，所以有些资料上也把它称为双向总线。

（4）按层次结构分类

CPU 总线：用来连接外部控制芯片。CPU 总线规格越高，相应的总线速率也会越高，每秒的数据吞吐量也越高。但是需要主板总线具有与之相匹配的性能才能达到设计最佳效果。

存储总线：专指连接到存储控制器的总线。有些 CPU 的体系结构中，把 CPU 总线和存储总线合并起来，统称为前端总线(Front Side Bus，FSB)。

系统总线：也称为输入输出(Input/Output，I/O)通道总线，用来与 I/O 扩充插槽上的各扩充接口卡相连接。系统总线有多种标准，以适用于各种系统。计算机上的系统总线又可分为 ISA、EISA、MCA、VESA、PCI、AGP、PCI-E 等多种标准，个人计算机上最常用的总线标准有 PCI 总线、PCI-E 总线、SCSI 总线、ISA 总线、EISA 总线和 USB 总线。

图 3-12 所示为现代计算机总线的内部结构，各主要模块与总线相连。其中的总线控制器模块是用来协调和处理有多个总线请求出现的情况。

2. 总线的主要性能指标

（1）带宽。总线的带宽指的是总线本身所能达到的最高传输速率，用字节每秒做单位，即每秒可以传送多少字节。实际带宽会受到总线布线长度、总线驱动器/接收器性能、连接在总线上的模块数等因素的影响。这些因素将造成信号在总线上的畸变和延时，使总线的最高传输速率受到限制。与总线带宽密切相关的两个概念是总线的位宽和总线的工作频率。

（2）位宽。总线的位宽指的是总线能同时传送的数据位数，即通常所说的 16 位、32 位、64 位等总线宽度的概念。在工作频率一定的条件下，总线的带宽与总线的位宽成正比。

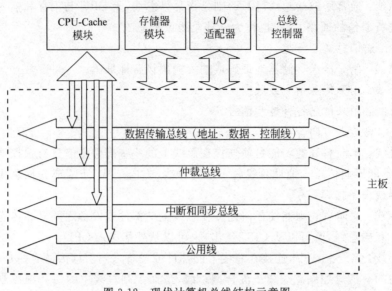

图 3-12　现代计算机总线结构示意图

（3）工作频率。总线的工作频率也称为总线的时钟频率，以 MHz 为单位。它是指用于协调总线上各种操作的时钟信号频率。在位宽一定的条件下，总线的带宽与总线的工作频率成正比。

总线带宽的计算公式可以表示为：总线带宽＝总线工作频率×（总线位宽/8）×每个周期的传输次数（一般为 1）。因此，总线带宽、总线位宽、总线工作频率三者之间的关系就像高速公路上的车流量、车道数和车速的关系。车流量取决于车道数和车速，车道数越多、车速越快则车流量越大；同样，总线带宽取决于总线位宽和工作频率，总线位宽越宽、工作频率越高则总线带宽越大。

3.2.5　主板

计算机的主要构成部件通过总线连接起来并协同工作，这一情况展现在普通用户面前就是我们计算机中的主板上安装上 CPU、内存条，再接上一些必要的外部设备（如硬盘、键盘、鼠标等），计算机就可以工作了。主板的设计就是基于总线技术的，它是计算机系统中的核心部件，在它上面布满了各种插槽、接口和电子元器件。主板性能好坏对计算机的总体性能将产生举足轻重的影响。图 3-13 所示是捷波 J-S446 主板的示意图。

在购买主板的时候是不包含 CPU 的，需要单独购买，仔细观察可以发现主板上有些芯片是焊接在主板上的，称为内置芯片，而另外一些芯片则是插在主板上可以取走的。焊接在主板上的芯片是永久连接的，而那些可以插拔的芯片则是可以进行升级的。芯片组在很大程度上决定了主板的性能和价格。其中，最关键的两个芯片为北桥（North Bridge）芯片和南桥（South Bridge）芯片。北桥芯片是主板上离 CPU 最近的芯片，与 CPU 之间的通信最密切，主要负责控制内存、加速图形端口（Accelerated Graphics Port，AGP）等与 CPU 之间的通信。南桥芯片一般位于主板上离 CPU 插槽较远、PCI 插槽的前面,主要负责 I/O 总线之间的通信。

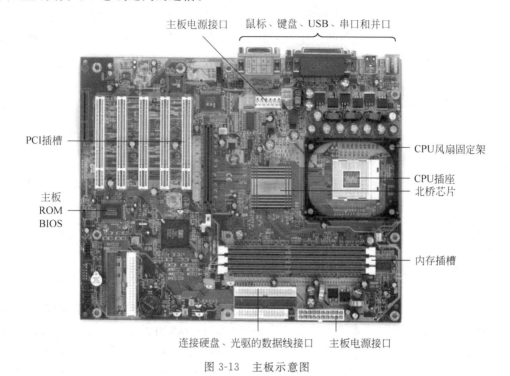

图 3-13　主板示意图

3.3　计算机的运行原理

本节首先介绍冯·诺依曼型计算机的工作原理,然后介绍计算机的指令和指令系统,最后介绍指令在计算机中的执行过程。

3.3.1　冯·诺依曼型计算机的工作原理

3.1 节中提到,冯·诺依曼型计算机的基本思想是:存储程序与程序控制。存储程序是指人们必须事先把程序及运行中所需的数据,通过一定方式输入并存储在计算机的存储器中。程序控制是指计算机运行时能自动地逐一取出程序中的一条条指令,加以分析并执行规定的操作。这样,机器一经启动,就能按照程序指定的逻辑顺序把指令从存储器中读出来并逐条执行,自动完成由程序所描述的处理工作。

存储程序原理的基本点就是指令驱动,即把计算机的处理过程描述为程序,然后把程序和所需的数据一起输入计算机存储器中保存起来。当程序开始运行时,根据系统内部给出的程序入口地址,按照程序指定的逻辑顺序从存储器中逐条提取、分析、执行指令并传送结果,最终完成程序所描述的全部工作。这里所说的程序必须是机器能够识别的机器码(或者必须通过编译系统"翻译"成机器码),它们能够和数据一样进行存取。在这里提到的程序指令,必须属于执行该程序的 CPU 指令系统。

综上所述,运算器和控制器是中心,存储器为记忆单元,输入输出设备为传输载体。运算器、存储器、输入输出设备的操作及它们之间的联系由控制器集中控制。控制器通过指令流的串行驱动实现程序控制。

3.3.2　计算机指令和指令系统

计算机之所以能够处理各种信息,主要是通过人编制的各种程序来实现的,即为了实现某一特定目标而向计算机发出的一组有序的基本操作命令集合。这些基本操作命令就称为指令。每一条指令都代表计算机执行的一种基本操作,计算机的硬件系统提供了对这些指令的识别能力。当要用计算机完成某项任务时,先要把完成该任务的步骤按照一定的顺序用计算机能识别并执行的基本操作命令书写出来,每一条基本操作命令都是一条机器指令。

机器指令是用机器字来表示的。表示一条指令的机器字,就称为指令字,通常简称为指令。

指令格式是指令字用二进制代码表示的结构形式,通常由两个字段组成,即操作码字段和地址码字段。操作码字段表征指令的操作特性与功能(如进行加法、减法、取数、存数等);地址码字段通常指定参与操作的操作数地址(根据指令不同,操作数地址的个数有可能不同,可以有一个、两个或更多)。因此,一条指令的结构可以用图 3-14 所示的形式来表示。

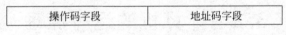

操作码字段	地址码字段

图 3-14　指令结构示意图

例 3.1　指令:MOV A,20 中,MOV 为操作码,给出了所要执行的操作,即传送操作;A 和 20 为地址码,给出了两个操作数,前者为存储单元的符号地址,后者为一个立即数(即常数)。指令的含义为将 20 这个立即数传送到存储器中地址为 A 的值对应的存储单元中。

上例中的指令为助记符语言(汇编语言)指令,因为机器语言指令由 0 和 1 两个数码构成,不易记忆和理解,所以使用该指令。但是助记符语言的指令构成和机器指令是完全一致、一一对应的。

一台计算机的所有指令集合构成该计算机的指令系统。通常所称的系列机就是指基本指令系统相同、基本体系结构相同的一系列计算机。

3.3.3　指令在计算机中的执行过程

在计算机中,用程序计数器(Program Counter,PC)来决定程序中各条指令的执行顺序。在计算机开始执行程序时,程序计数器的值为该被执行程序的第一条指令所在的内存单元地址,此后按如

下步骤依次执行程序中的各指令。

1. 取指令

按照程序计数器中的地址,从内存储器中取出当前要执行的指令送到指令寄存器。

2. 分析指令

对指令寄存器中的指令进行分析,也称为指令译码。由译码器对指令中的操作码进行译码,将指令中的操作码转换成相应的控制信息。由指令中的地址码确定操作数或其存放地址。

3. 执行指令

由控制器发出相应的控制信息,使运算器等执行部件按照指令规定的操作去执行,对操作数做该指令所要求的操作。

4. 修改程序计数器

一条指令执行完后,根据程序的要求修改程序计数器的值。如果当前执行完的指令中不产生转移地址,则将程序计数器加 n(当前执行完的指令是 n 字节指令);如果当前执行完的指令是转移指令,则将转移地址送入计数器。最后转(1)继续执行,直至遇到暂停指令或某种使程序执行暂停的意外情况才会结束。

3.4　计算机的引导过程

在学习了 CPU、内存、输入输出设备及计算机的工作原理后,我们来分析一下从按下计算机的电源按钮到计算机做好准备工作的过程中计算机都做了哪些工作,各个部件是如何协调一致使计算机做好准备工作的。

在打开计算机电源和计算机准备接收用户发出的命令之间的事件序列称为引导过程。本节将介绍计算机的引导过程。

1. 概述

计算机是通过执行指令或者说程序来实现指定功能的,然而前面我们已经讲过,计算机最重要的一个组成部分——主存是不稳定的,当关闭电源后,它不能保持任何数据,也不能保存操作系统指令。因此,计算机不是用主存来保存计算机的基本工作指令的,而是使用另外的方法来将操作系统文件加载到主存中的。这正是引导过程中的一个主要部分。总的来说,引导过程有下面 6 个步骤:

(1) 加电——打开电源开关,电源指示灯变亮,电源开始给主板和内部风扇供电。

(2) 启动引导程序——计算机开始执行存储在 ROM 中的指令。

（3）开机自检——计算机对系统的重要部件进行诊断检测。

（4）加载操作系统——计算机将操作系统文件从磁盘读到主存中。

（5）检查配置文件并对操作系统进行定制——计算机读取配置文件,根据用户的设置对操作系统进行定制。

（6）准备读取命令和数据——计算机等待用户输入命令和数据。

在具体介绍引导过程的各个步骤之前,先介绍一个基本概念——基本输入输出系统(Basic Input/Output System,BIOS)。BIOS 实际上就是被"固化"在计算机硬件中、直接与硬件打交道的一组程序,它为计算机提供最低级、最直接的硬件控制。计算机的很多硬件中都有 BIOS,最常见的如主板(也称为系统 BIOS)、显示卡以及其他一些设备(例如 IDE 控制器、SCSI 卡或网卡等)中都存在 BIOS。其中系统 BIOS 要在下面引导过程中提到,因为计算机的启动过程是在它的控制下进行的。系统 BIOS 程序一般被存放在主板 ROM(只读存储芯片)之中,即使在关机或断电以后,程序也不会丢失。如果计算机的系统 BIOS 被破坏了,计算机一定无法正常启动。

2. 加电

引导过程中的第一步就是加电。计算机的电源指示灯变亮,内部风扇开始运转。

如果打开电源后,电源指示灯没有变亮,说明系统电源供电有问题。首先检查计算机主机箱上的电源线是否连接完好;如果没有问题再检查墙上的插座是否有电;如果上述两项都没有问题而计算机电源指示灯还没有亮,那就可能是计算机的电源存在故障。

3. 启动引导程序

当计算机加电后,CPU 就开始执行存储在 ROM BIOS 中的引导程序。

如果 ROM 芯片、主存部件或者 CPU 出现故障,CPU 就不能运行引导程序,计算机就会挂起。如果可看到电源指示灯亮着,风扇在正常转动,显示器连接没有任何问题,但是屏幕上却没有任何信息,那就可能是引导程序不能正常运行了。

4. 开机自检

系统 BIOS 的启动代码首先要做的事情就是加电自检(Power-on Self-Test,POST)。所以,引导过程中的第三步就是开机自检,它的主要任务是检测系统中的一些关键设备是否存在和能否正常工作,如主存和显卡等。

由于 POST 的检测过程在显示卡初始化之前,因此如果在 POST 自检的过程中发现了一些致命错误,如没有找到主存或者主存有问题时,是无法在屏幕上显示出来的。这时系统 BIOS 可通过喇叭发声来报告错误情况,声音的长短和次数代表了错误的类型。在正常情况下,POST 过程进行得非常快,我们几乎无法感觉到这个过程。

接下来 POST 检测显卡。如果显卡工作正常,就会在屏幕上显示一些初始化信息,如介绍生产厂商、图形芯片类型、显存容量等内容,这就是我们开机看到的第一个画面。如果计算机发出报警声,并且屏幕上没有出现 BIOS 信息,那么就可能是显卡出现了故障。

下一步就是测试并显示 CPU 的类型和工作频率,然后开始测试主存。计算机向主存的每一个地址写入数据再将它读出,看该数据是否正确,并将显示测试的主存数量,就是大家所熟悉的屏幕上半部分那个飞速翻滚的内存计数器。这个过程我们可以在 BIOS 设置中选择耗时少的"快速检测"或者耗时多的"全面检测"方式。如果遇到故障,POST 就会停止,并显示主存故障信息。

然后 POST 检测键盘。在大部分计算机上,在检查键盘的时候,会看到键盘上的指示灯在闪烁。如果键盘没有正确连接或者某个键被卡住,计算机就会发出报警声,并显示键盘故障信息。如果出现键盘故障信息,应当关闭计算机,清除任何压在键盘上的物品,将键盘重新连接在计算机主机的背板上,然后重新开机,再次引导。如果仍然出现故障信息,就需要修理或更换键盘了。

POST 的最后一步就是测试驱动器。如果在自检的时候注意一下硬盘和光驱就会发现驱动器指示灯会不停地闪烁,并可以听到驱动器的转动。驱动器的测试只要一两秒就可以完成。如果计算机测试的时候停了下来,就说明某个驱动器出现了故障。

5. 加载操作系统

在 POST 成功以后,计算机将按照 ROM 中的后继指令加载操作系统。

计算机首先按照用户在 BIOS 中指定的启动顺序从软盘、硬盘或光驱启动,并在该驱动器上定位并加载操作系统文件。

6. 检查配置文件并对操作系统进行定制

在引导过程的初期,计算机检查 BIOS 来决定安装的主存容量和能够使用的驱动器类型。但是计算机还需要更多的配置信息来正确使用所有的设备并创建个性化的桌面。在本阶段,计算机将搜索引导盘的根目录以得到配置文件,若有配置文件存在,文件将被执行。

7. 准备接收命令和数据

当计算机准备好接收命令时就结束了引导过程。通常在引导结束后,计算机会显示操作系统的屏幕或提示符,如图形化桌面或命令提示符。

习 题 3

1. 计算机由哪几个主要部件构成?
2. 简述 CPU 的构成及 CPU 的主要性能指标。
3. 请简述存储系统的概念,并说明使用存储系统的目的。
4. 简述主存储器的主要性能指标。
5. 输入输出设备是如何与主机箱连接的? 请列举出你所熟悉的常见输入设备和输出设备。
6. 简述总线的主要性能指标,并用自己的语言描述它们之间的关系。

7. 简述计算机的工作原理。

8. 什么是指令？什么是指令系统？简述指令在计算机中的执行过程。

9. 简述计算机的引导过程。

参 考 文 献

[1] 方娟. 计算机系统结构[M]. 北京：清华大学出版社,2011.

[2] [美]Behrouz Forouzan. 计算机科学导论[M]. 刘艺,刘哲雨,等译. 北京：机械工业出版社,2015.

[3] 郝兴伟. 计算机技术基础[M]. 2版. 北京：高等教育出版社,2011.

[4] [美]David A Patterson,John L Hennessy. 计算机组成与设计：硬件/软件接口[M]. 5版. 王党辉,康继昌,安建峰,等,译. 北京：机械工业出版社,2015.

[5] 施奈德,加斯汀. 计算机科学导论[M]. 5版. 北京：清华大学出版社,2010.

[6] 王文剑,谭红叶. 计算机科学导论[M]. 北京：清华大学出版社,2016.

[7] 战德臣,聂兰顺,等. 大学计算机——计算思维导论[M]. 北京：电子工业出版社,2013.

[8] 张晨曦,王志英,等. 计算机系统结构[M]. 2版.北京：高等教育出版社,2014.

[9] 张艳,姜薇. 大学计算机基础[M]. 3版. 北京：清华大学出版社,2016.

[10] 邹恒明. 计算机的心智操作系统之哲学原理[M]. 2版. 北京：机械工业出版社,2012.

第**4**章

计算机软件系统

4.1 概　　述

现代计算机系统由硬件、软件、数据和网络组成。硬件是指构成计算机系统的物理实体,是看得见摸得着的实物。软件是控制硬件按指定要求进行工作的由有序命令构成的程序的集合是系统的灵魂。网络既是将个人与世界互联互通的基础手段,又是有着无尽资源的开放资源库。数据是软件和硬件处理的对象。

软件连接着一切、控制着一切。各种软件研制的目的是为了扩大计算机的功能,方便人们使用或解决某一方面的实际问题,没有软件,计算机系统就不能有效工作。计算机系统的软件层如图 4-1 所示。根据软件在计算机系统中的作用,软件可以分为系统软件和应用软件两大类。

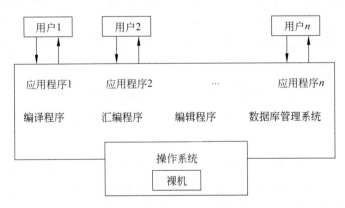

图 4-1　计算机系统的软件层

系统软件是指用于对计算机进行管理、控制、维护,或者编辑、制作、加工用户程序的一类软件,如操作系统、各种语言编译/解释系统、数据库管理系统、管理维护及支持计算机正常运行的各种工具软件等。

应用软件则是用于解决各种实际问题,进行业务工作或者生活及娱乐相关的应用程序,如企业资源管理系统(ERP)管理软件、计算机辅助设计软件、数值计算类软件、各类游戏软件、各种网络互动软件等。

4.2 计算机操作系统

操作系统是最基础的系统软件。它负责计算机系统软硬件资源的分配和使用,并控制和协调并发活动;用户可以使用操作系统提供的接口,简单、方便地操作计算机,使用计算机系统中的各类资源。

4.2.1 操作系统的由来

从 1946 年诞生的第一台冯·诺依曼计算机到当今每秒可计算十亿次的超级计算机,操作系统从无到有,由简单到复杂,随着计算机软硬件结构的发展变化而不断演化发展,并始终以方便用户和提高计算机的利用率为追求的目标。

1. 手工操作阶段

在电子管计算机时代,没有键盘、鼠标、显示器,计算机操作人员通过控制台上的开关进行输入,运行结果通过控制台上的显示灯来提示,操作人员输入的程序是完全由"0"和"1"组成的机器码。所有的操作完全是手工控制,没有操作系统或其他功能软件辅助人工操作。任意时刻,计算机也只能为一个用户提供计算任务。这一任务被称为"作业"。

作业(job):用户在一次算题过程中要求计算机所做的工作的集合,即从用户输入一直到计算机输出结果的一次完整的工作过程。作业由程序、数据和作业说明书组成。

与每秒可以执行千次、万次运算的 CPU 相比,完全手工操作的低速度使得计算机资源的利用率非常低,大部分时间计算机都在等待操作人员输入和干预;随着计算机处理速度的提高,这一矛盾更加突出。作业的手工操作时间与运行时间关系如表 4-1 所示。

表 4-1 作业手工操作时间与运行时间的关系

计算机速度	作业在机器上的运行时间	作业手工操作的时间	手工操作占用比例
1 万次/秒	1h	3min	5%
10 万次/秒	6min	3min	50%

为缩短手工操作和干预的时间,提高计算机利用率,随着硬件的发展,出现了批处理系统,主要对作业进行管理。

2. 作业管理与批处理操作系统阶段

在晶体管计算机系统时代,计算机的运算速度有了极大的提高,各种数据存储设备、输入和输出设备提供给了计算机系统。这使作业的存储管理成为可能。

如图 4-2 所示,一批用户作业首先存储在磁带中,在主机上运行一个常驻内存的作业监控程序,即一个简单的批处理系统,在监控程序的控制下,计算机从磁带上读取一个作业到计算机内存,并执行,直到当前作业完成,该作业从内存中清空;再读取下一个作业。

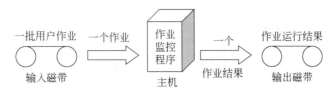

图 4-2　批处理系统模型

虽然此时的操作系统只是一个简单的单道批处理系统,或者称为用户作业监控程序,但标志着计算机脱离手工操作进入到系统管理时代。

随后出现了多道批处理系统,在内存中可以同时存放多个作业,允许这些作业在系统中交替地运行。系统根据规定的调度原则从这些作业等待队列中选取若干作业调入内存。在内存中的这些作业按照多道处理方式组织它们运行,某一道作业运行完毕或暂停运行,系统又将调入新的作业,内存中始终存放多个作业,它们交替运行。这样,作业不断进入系统,又不断退出系统,形成源源不断的作业流,从而大大地提高系统的资源利用率和系统的吞吐率。

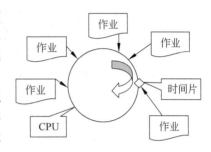

图 4-3　分时操作系统时间片

为了多个用户能够同时使用计算机系统,出现了分时操作系统。将 CPU 的处理时间划分为很多的时间片,让同时登录到系统的多个用户共同分享这些时间片,如图 4-3 所示。

今天,分时操作系统已成为最流行的一种操作系统,几乎所有的现代通用操作系统都具备分时系统的功能。

3. 现代操作系统阶段

在集成电路计算机系统时代,计算机的硬件系统采用集成电路或大规模集成电路为主要电子器件。此时计算机的体积越来越小,运算速度越来越快,功能越来越强,数据存储设备容量越来越大,出现了各种光、电、磁等数据输入和输出设备。计算机系统需要高一级的管理系统来管理、分配和控制计算机各种硬件和软件资源,并提供方便用户使用各种资源的方法。

这一时期的操作系统代表有 DOS、Windows、UNIX、Linux 和各种主机操作系统。

4. 操作系统广泛应用阶段

随着各种信息技术的发展,计算机在各个领域的广泛应用,各种类型、功能完备的操作系统迅速发展起来。各操作系统开发公司纷纷开发针对不同硬件结构、不同应用领域的不同类型的操作系统。

常见的操作系统有微软公司的 Windows 系列、Sun 公司的 Solaris、IBM 公司的 AIX 等 UNIX 系列、自由软件 Linux 系列等。各系列针对广泛的应用领域均有不同的版本,如个人计算机上的桌面个人操作系统、电信和银行等综合服务系统的网络操作系统、分布式操作系统、家用电器和手机以及控制系统中的嵌入式操作系统等。

4.2.2　操作系统的定义

操作系统(Operating System,OS)是一种系统软件,位于底层硬件和用户之间,是两者沟通的桥梁。主要完成两类任务:①管理和控制计算机系统的所有软件和硬件资源;②为方便用户使用计算机提供各种方法。

从用户的观点看,操作系统是人与计算机之间一种交流的环境、交流的接口。用户正是通过这种接口输入命令,操作系统则对命令进行解释、驱动硬件设备,实现用户要求。根据功能的不同,又可分为操作接口和程序接口,如图 4-4 所示。

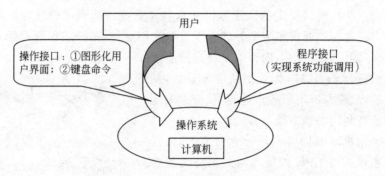

图 4-4　操作系统提供的用户接口

1. 操作接口

具有交互操作的计算机系统,操作系统一般提供图形化用户界面和键盘命令操作接口。

(1) 图形化用户界面

计算机应用越来越广泛,为了使不同文化程度的用户都能方便地操作计算机,图形化用户界面应运而生。其可分为菜单驱动方式和图标驱动方式。

菜单驱动方式是将操作系统提供的所有命令和操作,以类似餐馆菜单的方式分类、分窗口地显示在屏幕上。用户可以根据菜单提示,选择某个命令或操作来通知操作系统去完成指定的工作,实现对计算机的使用和控制。

图标驱动方式中的图标是一个小的图形符号,代表操作系统的命令、系统服务、操作功能、各种资源。例如用小剪刀代表剪切、活页夹图片表示文件夹等。单击、拖曳图标,完成命令和操作的选择和执行。

微软公司的 Windows 系统就是这种图形化用户界面的代表。

(2) 键盘命令

不同的系统提供的键盘命令的数量有差异,但其功能基本上是相同的。一般终端与主机通信的过程可以分为注册、通信、注销三个步骤。注册,让系统验证用户是否有权限使用系统,同时可让用户设置必要的环境。通信,是用户注册后,可以通过丰富的键盘命令控制程序的运行,完成系统资源的申请、终端输入程序和数据等工作,包括文件管理、程序的编辑、编译、链接和运行、申请资源及数据输入等。注销,是用户工作结束或暂停时,通知系统,打算退出系统。

2. 程序接口

程序接口是操作系统为用户在程序一级提供有关服务而设置的,由一组系统调用命令组成,并以系统调用呈现在用户面前。程序设计人员,可通过这一接口调用操作系统内核提供的服务,也可控制计算机的其他外设,修改它们的工作方式。在源程序中,除了要描述所需完成的逻辑功能外,还要请求系统资源,如请求工作区、请求建立一个新文件或请求打印输出等,这些都需要操作系统的服务支持。这种在程序一级的服务支持称为系统功能调用,是针对程序设计者而提供的操作系统服务方式,在采用面向对象技术的系统中,为程序员提供的是 API(Application Programming Interface,用户编程接口)函数和系统定义的消息形式。

虚拟光驱软件的开发和使用,恰好说明对于不同类型的用户,操作系统提供了不同形式的接口。虚拟光驱软件功能是虚拟硬件设备——光驱。对于普通用户,可在图形界面窗口通过简单的操作来安装、使用虚拟光驱软件;对于虚拟光驱软件的开发人员,只有在获得操作系统提供有关驱动程序接口、文件系统接口等相应的接口程序后,才能完成软件开发。

从系统的观点看,操作系统是直接工作在硬件基础之上的一套完整资源管理程序,它不但可以管理计算机的硬件系统,也可以管理存放在计算机系统内部的数据和程序。例如 CPU 时间的分配、内存的管理与使用、本地磁盘文件的访问管理、各种 I/O 设备的识别管理等等。

4.3　操作系统的功能

计算机操作系统由许多个可执行程序模块组成,这些可执行程序模块具有不同的功能,完成不同的任务。它们有的控制外围设备进行数据的读入或写出;有的控制内存空间的分配,使用较小内存空间运行大的程序;有的控制同时运行程序的数量。根据模块完成任务的不同,操作系统可提供四大基本功能:处理机管理、存储器管理、设备管理、文件管理。

4.3.1　处理机管理

计算机系统中最重要的资源是 CPU,对它的有效管理直接影响整个系统的性能。对 CPU 的管理最关心的就是它的运行时间,所以提出一些调度策略,给出调度算法,对 CPU 进行合理分配。由于 CPU 的分配和运行都以进程为单位,对 CPU 的管理主要也就是对进程的管理,主要包括作业进程调度、进程控制、进程同步和进

程通信。

进程(process)：计算机完成一个作业时，通常需要将该作业分成若干作业步，再细化每一个作业步，建立一个或者多个进程，进程就是运行着的程序，是程序的一次执行过程。如图 4-5 所示，通过操作系统提供的图形用户接口可以查看系统建立的进程。

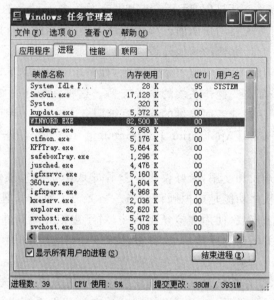

图 4-5　进程与占用内存查看

作业进程调度：一个作业通常经过两级调度才得以在 CPU 上执行。首先是作业调度，它把选中的作业放入内存，并分配其必要的资源，为这些作业建立相应的进程。然后进程调度按照一定的算法从就绪进程中选出一个合适的进程，使之在 CPU 上运行。

进程是系统中活动的实体。进程控制包括进程的创建、进程的撤销、进程的阻塞和进程的唤醒。有作业要运行时，将为之建立一个或多个进程，为它分配除 CPU 以外的所有资源并将它们放入进程就绪队列。当进程运行完成时，立即撤销该进程，及时释放作业进程所占有的全部资源。

多个进程在活动过程中存在彼此之间相互依赖或者相互制约的关系。为了保证系统中所有的进程都能正常地活动，就必须设置进程同步机制，它分为同步方式和互斥方式。相互合作的进程之间往往需要交换信息，为此，操作系统要提供通信的机制。

4.3.2　存储器管理

一个作业要在 CPU 上运行，它的代码和数据就要全部或部分地驻在内存中。虽然主存芯片的集成度不断提高，价格不断下降，但需求量大，内存整体价格仍较昂贵，而且受

CPU 寻址能力的限制,容量也有限制。因此,存储器管理首要的任务是对要运行的作业进行内存分配。

其次,为了使并发运行的作业互不干涉,不能随意存取本作业空间以外的存储区,要进行内存保护;为了使更多作业在系统中并发运行,但有限的内存不能满足系统中增长更快的并发作业对内存大的需求,操作系统要进行内存的扩充,即虚拟存储技术,通过虚拟技术向作业提供大于物理内存的存储空间。如图 4-6 和图 4-7 所示,以 Windows 操作系统为例,操作系统提供图形界面接口让用户设定虚拟内存、查看系统 CPU 和内存的使用情况。

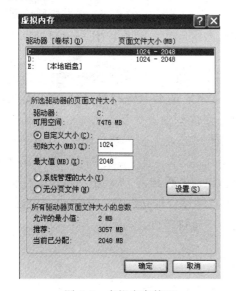

图 4-6　虚拟内存管理

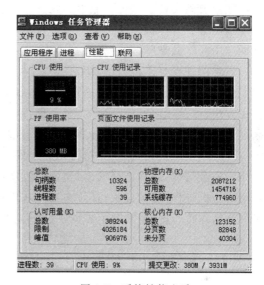

图 4-7　系统性能查看

用户编写程序时不会考虑程序和数据放在内存的什么位置上,只在程序中定义变量、数组等来存放数据。当程序运行时装入内存后实际占用的物理地址,与程序编译时的逻辑地址是不一样的,地址映射功能将所有的逻辑地址转换成内存的实际物理地址,这样程序运行时,CPU 可以从内存中正确地取出程序指令和数据。

4.3.3　设备管理

计算机系统中使用的设备分为存储设备、I/O 设备和通信设备三类。存储设备用于存储信息,如磁盘、磁带、光盘。I/O 设备包括输入设备和输出设备两大类。输入设备将外部世界的信息输入到计算机,如键盘、输入机、电传输入机、数字化仪、模数转换器等。输出设备将计算机加工好的信息输出给外部世界,如打印机、数模转换器、投影仪等。通信设备负责计算机之间的信息传输,如调制解调器、网卡等。设备管理指除了 CPU 和内存储器以外上述所有设备的管理,是操作系统中最繁杂、琐碎的部分。I/O 设备相对CPU 来说,运行速度较慢,它们在进行信息交换时,就要利用缓冲来缓和 CPU 与外围设备间速度不匹配的矛盾,避免 CPU 因等待速度慢的外围设备而浪费时间,协调设备与设备之间的并行操作,以提高 CPU 和外围设备的利用率,因此缓冲管理是设备管理的重要功能。

设备管理还包括设备分配功能:为用户程序分配 I/O 设备;设备驱动功能:启动指定的外围设备,完成用户程序请求的 I/O 操作;设备独立性:操作系统为方便用户,提高设备的利用率,仅向用户提供逻辑设备名,用户编写的程序与实际使用的物理设备无关,由操作系统将用户程序中的逻辑设备映射到物理设备。

虚拟设备功能:把一次仅允许一个进程使用的设备称为独占设备。系统可通过虚拟技术,如 Spooling 技术,使该设备成为能被多个作业共享的设备,可使每个用户都感觉到自己在独占该设备。这种只能感觉到它的存在而实际上并不存在的设备,称为逻辑设备或虚拟设备。计算机的屏幕就是独占设备,图形界面的窗口是虚拟屏幕,使用窗口可以使不同应用程序共享屏幕。

以常用外设打印机为例,用户需要使用打印机输出一批数据。若要求用户直接启动其工作,该用户必须事先了解这台设备的启动地址,了解它的命令寄存器、数据寄存器的使用方法,以及如何发启动命令、如何进行中断处理,而这些细节以及设备驱动程序和中断处理程序的编制等均是十分麻烦的。通过设备管理功能,当用户需要打印时,只需要指定一台打印机(逻辑名称),发送打印命令即可。系统并不分配一台物理打印机,首先提供的是一磁盘文件,用户进程输出,向该磁盘文件输出,用户进程结束,系统把该磁盘文件传输给打印机进程,依次排队,打印输出。从用户看来,每个用户都感到是系统为自己提供了一台物理打印机,但实际上可能是网络上大家共享一台打印机。

4.3.4 文件管理

在计算机系统中,大量数据信息需要操作系统处理,这要求必须解决信息的组织与存取的问题。文件管理的任务即是有效地支持文件的存储、检索、共享和保护等操作,以达到方便用户、提高资源利用率的目的。

文件系统是存取和管理信息的机构,它利用大容量的存储设备(磁盘)作为文件的存储器,以目录或文件形式将信息存放在存储器中。通过文件系统,用户可以不需要了解存储介质的特性和使用 I/O 指令等细节问题,仅通过文件名便可使用直观的文件操作命令方便存取所需要的信息。否则当用户想把程序存放到磁盘上,他就必须事先了解磁盘信息的存放格式,具体考虑应把自己的程序放在磁盘的哪一道,哪一扇区内……

文件管理对存储在计算机外存储器中的文件数据进行统一管理。包括:确定文件信息的存放位置及存放形式,实现文件从名字空间到外存地址空间的映射,并为每个文件建立目录项,把众多的目录项有效地组织起来实现方便的文件存取;实现对文件的各种控制操作(如建立、撤销、打开、关闭文件等)、存取操作(如读、写、修改、复制、转储等)以及实现文件信息的共享保护。

操作系统拥有许多种内置文件系统。Windows 能支持的文件系统有 FAT32、NTFS等;Linux 支持的文件系统有 ext2、ext3、ext4、xfs、OCFS2、Google 等;UNIX 多数支持UFS。每个文件系统都有相似的"目录/子目录"架构,来记录系统中所有文件的名字及其存放地址的对应关系，以及关于文件的说明信息和控制信息，也被称为文件目录。Windows 系统使用"\"符号以建立目录关系，且文件名称忽略其大小写差异；UNIX 系统和 Linux 则是以"/"建立目录架构，且文件名称要求区分大小写。图 4-8 和图 4-9 分别为 Windows 和 Linux 文件目录结构。

图 4-8　Windows 文件目录结构

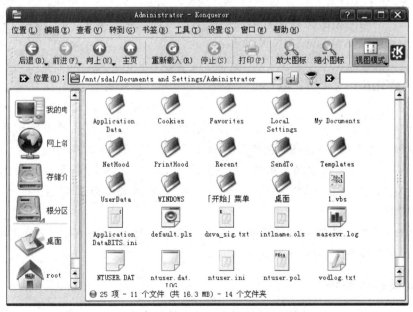

图 4-9　Linux 文件目录结构

操作系统是重要的系统软件,只有配置了操作系统,计算机系统才能体现系统的完整性和可利用性。当用户需要计算机解决应用问题时,仅需编制源程序(用户在源程序中,可以利用操作系统提供的系统调用请求其服务),而其余的大量工作,如人机交互、系统资源的合理分配和使用,多个程序之间的协调等工作都是由操作系统来实施的。程序的编译、链接等工作将由其他系统软件来完成。所以操作系统使整个计算机系统实现了高度自动化、高效率、高利用率、高可靠性,因此操作系统是整个计算机系统的核心。图 4-10 所示为操作系统的抽象层次结构,是实现计算机的普适化方法,在 I/O 设备上铺设 I/O 管理软件。为了支持文件共享,保证信息安全,在 I/O 管理软件之上铺设文件管理软件。这两层软件分别隐藏了对 I/O 设备和文件管理操作的具体细节。当在文件管理软件层之上再铺设窗口管理软件后,用户可在窗口环境中方便地使用计算机。

图 4-10　操作系统抽象层次结构

4.4　当前主流操作系统简介

从出现操作系统至今,在各种机器上实际运行的操作系统有几百个。一般不同类型的机器上操作系统是不同的,如个人计算机运行个人操作系统、网络服务器运行网络操作系统、超级计算机组运行多处理器操作系统、智能手机运行嵌入式操作系统等。同一种机器上也可以有不同的操作系统,如个人计算机上可以运行 Windows、Linux 等。同一操作系统针对不同类型的机器也有不同的版本。目前使用较多的典型的操作系统有 Windows、UNIX 和 Linux。

4.4.1　Windows 操作系统

美国微软(Microsoft)公司是全球最大的软件公司之一,其产品涵盖操作系统、编译程序、数据库管理系统、办公自动化软件等众多领域。其操作系统为 Windows 系列。目前操作系统系列包括:桌面操作系统,主要运行于个人计算机系列;服务器操作系统,主要运行在小型机、服务器上;以及 Windows Phone 等嵌入式操作系统,主要运行在手机、车载等系统中。

Windows 操作系统的主要特点是具有丰富多彩的图形用户界面,支持多用户多任务。缺点是稳定性差,安全性不高。

1. 桌面操作系统

20 世纪 80 年代,随着计算机软硬件的发展,计算机逐步进入家庭。桌面操作系统

(Desktop Operating System)迅速发展起来。

DOS(Disk Operating System)磁盘操作系统是安装在个人计算机上的操作系统,是属于单用户单任务的操作系统,DOS 操作系统提供了许多的操作系统命令,用户使用这些命令操纵计算机,例如,显示计算机内存储文件的信息、磁盘空间的数据的状态和各个设备之间数据的复制、删除打印等。如图 4-11 所示,DOS 命令 DIR 显示文件目录中的内容。

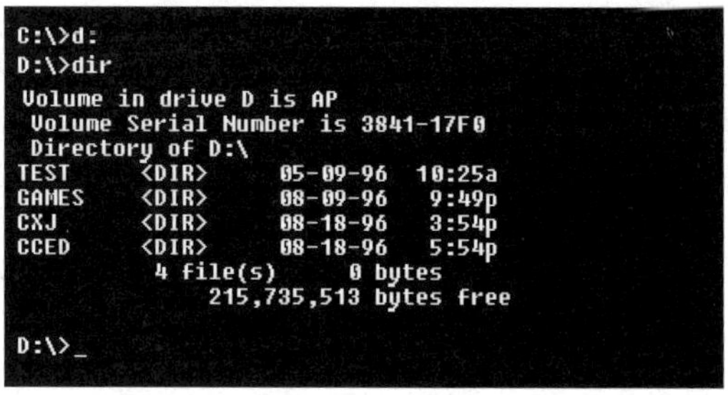

```
C:\>d:
D:\>dir
 Volume in drive D is AP
 Volume Serial Number is 3841-17F0
 Directory of D:\
TEST      <DIR>      05-09-96   10:25a
GAMES     <DIR>      08-09-96    9:49p
CXJ       <DIR>      08-18-96    3:54p
CCED      <DIR>      08-18-96    5:54p
          4 file(s)       0 bytes
                215,735,513 bytes free

D:\>_
```

图 4-11　DOS 下 DIR 命令执行后的界面

1985 年微软推出 Windows 1.0,结束了 MS-DOS,改进了以往 MS-DOS 操作系统的字符方式下的命令行操作,采用图形化方式,支持鼠标操作和多任务并行。

1994 年发布 Windows 3.2 中文版,Windows 操作系统逐渐开始在中国流行起来。

Windows 95 是一个 16 位和 32 位混合模式的系统,支持 FAT32 文件系统格式。Windows 95 操作系统带来的"开始"按钮以及工具栏等特性一直在 Windows 系统中沿用至今。

2001 年推出的 Windows XP,是至今为止最受欢迎的个人操作系统,至 2014 年 4 月微软宣布停止支持服务时,国内市场占有量仍超过 50%。

截至本教材编写之时,面向个人、家庭用户的 Windows 操作系统是 Windows 10。

2. 服务器操作系统

服务器操作系统(Server Operating System)是安装在大型计算机上的操作系统,例如 Web 服务器、应用服务器和数据库服务器等。同桌面操作系统相比,在一个具体的网络中,服务器操作系统要承担额外的管理、配置、稳定、安全等功能。1993 年 Windows NT 3.1 发布,是微软第一款真正对应服务器市场的商用操作系统。

截至本教材编写之时,面向服务器的 Windows 操作系统最新版本有 Windows Server 2016 版。

3. 嵌入式操作系统

嵌入式操作系统(Embedded Operating System)是运行在嵌入式芯片环境中,对整个芯片以及它所操作、控制的各种部件装置等资源进行统一协调、调度、指挥和控制的系统软件。

微软先后推出 Windows CE、Windows Mobile、Windows Phone 等操作系统,专门为

各种嵌入式系统提供多线程、多任务的操作系统环境。应用于家用电器、手机、PDA、随身音乐播放器、专门的工业控制器等设备。

随着各项信息技术的推新,用户需求的变化,微软包括操作系统在内的各软件产品也在不断更新。

4.4.2　UNIX 操作系统

UNIX 操作系统是到目前为止寿命最长、在程序设计员和计算机科学家中较为流行的操作系统。由于一些服务器厂商生产的高端服务器产品中只支持 UNIX 操作系统,因而 UNIX 成为高端操作系统的代名词。

UNIX 操作系统有三个显著的特点。第一,可移植的操作系统,可以不经过较大的改动而方便地从一个平台移植到另一个平台;第二,拥有一套功能强大的工具(命令),它们能够组合起来去解决许多问题,而这一工作在其他操作系统则需要通过编程来完成;第三,具有设备无关性,因为操作系统本身就包含了驱动程序,可以方便地配置和运行任何设备。

最早的 UNIX,1969 年由 Ken 和 Dennis 在贝尔实验室开发。随着 UNIX 的发展和应用,出现了很多不同的版本,每种版本都结合重要的新技术,UNIX 的版本演化如图 4-12所示。

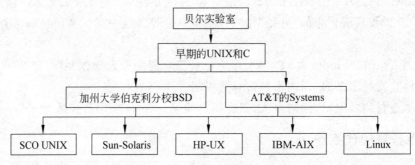

图 4-12　商用 UNIX 操作系统演化

其中 AIX 是 IBM 公司开发的一套 UNIX 操作系统,是目前最成功、应用最广泛、最开放的 UNIX 系统。我国的银行系统 80% 以上主机都是 IBM 机器,运行 AIX;Solaris 是Sun 公司研发的 UNIX 操作系统,在我国电信行业领域,80% 的业务应用使用了 Solaris操作系统。

Linux 操作系统是一个自由的操作系统,也是一个成功的 UNIX 的改装系统,最大的特点是源代码完全公开,任何人都可以对该系统进行修改或添加功能使之适应自己的需要。它是目前唯一免费的非商品化操作系统。

1987 年荷兰教授 Andrew 设计了一个微型的 UNIX 操作系统——Minix,用于操作系统的教学和研究。

1991 年,芬兰赫尔辛基大学的学生 Linus Torvalds,参照 Minix 开发 Linux,并通过

Internet 发布;1994 年由全世界 Linux 爱好者共同完成了 Linux1.0,该内核具备了完整的类 UNIX 操作系统的本质特性,并遵循 GNU(GNU is Not UNIX,GNU 不是 UNIX)的 GPL(General Public License,通用公共许可),这使得更多的开发者投入 Linux 的开发。

自由软件(Free Software)是一种可以不受限制地自由使用、复制、研究、修改和分发的软件。GPL 许可证,是一个针对免费发布软件的具体发布条款,对于遵照 GPL 许可发布的软件,用户可以免费得到软件的源代码和永久使用权,可以任意复制和修改,同时也有义务公开修改后的代码。

Linux 知名发行版本多达几百种,每种发行版本都以 Linux 内核为基础,各版本的区别在于系统的安装、配置、附加应用、管理工具以及技术支持的不同。目前较流行的发行版本主要有以下几种。

1. Debian 和 Ubuntu

Debian/GNU Linux 是最正宗的 Linux 发行版本,是一个完全免费的高质量的并与 UNIX 兼容的操作系统,并且其所有的软件包都是自由软件。因非常注重稳定性,版本变化不快,但特别强调网络维护和在线升级。

Ubuntu 是一个基于 Debian 的发行版,是对硬件支持最好、最全面的 Linux 之一。

2. Red Hat 和 Fedora Core

Red Hat 公司是商业化最成功的 Linux 发行商,Red Hat Linux 拥有数量庞大的用户和许多创新技术,无论在服务器还是桌面系统都工作得很好。2003 年公司停止了免费版的开发,将原 Red Hat Linux 拆分为两个系列:用于服务器的商业化版本 Red Hat Enterprise Linux(RHEL)和桌面免费版 Fedora Core。Fedora Core 版本更新周期短,所有用到企业版的技术都要先在 Fedora Core 上试验。因此 Fedora Core 是体验 Linux 前沿技术的平台。

3. CentOS

CentOS 是一个基于 Red Hat Linux 提供的可自由使用源代码的企业级 Linux 发行版本。每个版本的 CentOS 都会获得 10 年的支持(通过安全更新方式)。新版本的 CentOS 大约每两年发行一次,而每个版本的 CentOS 会定期(大概每 6 个月)更新一次,以便支持新的硬件。以此建立一个安全、低维护、稳定、高预测性、高重复性的 Linux 环境。CentOS 是 Community Enterprise Operating System 的缩写。CentOS 是 RHEL 源代码再编译的产物,而且在 RHEL 的基础上修正了不少已知的 Bug,相对于其他 Linux 发行版,其稳定性值得信赖。

Linux 操作系统可运行于许多硬件平台、支持多种文件系统,并且支持大量的外部设备。从掌上电脑 iPad 到 IBM 大型机都有 Linux 的成功应用,在超级计算机操作系统中更占有高达 90% 的份额。Linux 系统作为高性能的网络和应用服务器,是大中型企业信息系统的支柱,广泛应用于通信、金融、商业和军事等领域。

Linux 与 UNIX 最大的区别：①UNIX 系统大多是与硬件配套的，而 Linux 则可运行在多种硬件平台上；②UNIX 是商业软件，而 Linux 是自由软件，免费、公开源代码的。Linux 与 Windows 的主要区别见表 4-2。

表 4-2　Linux 系统和 Windows 系统的主要差别

选　项	Windows 系统	Linux 系统
背景	自成体系	由比较成熟的系统发展而来
产品开发	内核源代码高度保密，封闭环境下开发	内核源代码公开，诞生于网络，发展于网络
版权和费用	有版权限制和使用费用	自由软件，免费获得源码

4.4.3　Mac 操作系统及 iOS

运行于苹果 Macintosh 系列计算机上的操作系统主要有 OS X、Mac OS 9、Mac OS 8 及 System v X. X。

Mac OS 可以被分成两个系列：第一，Classic Mac OS（系统搭载在 1984 年销售的首部 Mac 与其后代上，终极版本是 Mac OS 9），目前的系统已不被支持。第二，结合 BSDUNIX、OpenStep 和 Mac OS 9 等元素的新的 OS X，它的底层基于 UNIX 基础，其代码被称为 Darwin，实行的是部分开放源代码。

此外，苹果公司开发的 iOS 移动操作系统，运行在智能手机、iPod touch、iPad 以及 Apple TV 等系列产品上。

1. Classic Mac OS

Classic Mac OS 完全没有命令行模式，是一个完全意义的图形操作系统，容易使用，几乎没有内存管理、协同式多任务（cooperative multitasking）和对扩展冲突敏感等一系列内在问题。

此外，在 Mac OS 中也引入了一种当时称为是一种创新的文件系统，即一个文件同时包括两个不同的"分支"（forks），分别把参数存放于"资源分支"（resource fork），而把原始数据存放于"数据分支"（data fork）里。然而，由于此项技术与其他系统间的识别性问题，使得此项技术的使用受到一定的限制。同时，在最早的 Macintosh 机中使用的文件系统为单一层级的目录结构的 MFS 文件系统。

2. OS X

为了解决上述早期版本所存在的技术问题，在后来推出的 OS X 系统中开始使用基于 BSD UNIX 的内核，并引入了基于 UNIX 风格的内存管理功能和抢占式多任务处理功能（preemptive multitasking），这些技术的引入极大地推动了内存管理功能的改进，并且允许在同一台物理机器上同时运行更多的软件，为多任务的实现提供了技术支持。

3. OS X Server

除了上述操作系统版本外,苹果公司还推出了一个基于 UNIX 的服务器操作工具 OS X Server 版本,此版本可以看成是运行于 OS X 之上的应用软件。OS X Server 预装于 Mac mini Server 和 Mac Pro 中。2011 年以前苹果公司为自己的 OS 命名为 Mac OS X,在 Mac OS X v10.7 发布之后,将其称为 OS X Lion,之后的系统版本命名为 OS X。

4. iOS

苹果公司最早于 2007 年 1 月 9 日的 Macworld 大会上发布 iOS 操作系统,最初是用于 iPhone 智能手机的移动操作系统,后来陆续套用到 iPod touch、iPad 以及 Apple TV 等系列产品上。截止到本教材编写之时,iOS 版本已更新至 11。

结合 iOS 操作系统的管理功能和系统层级,从 iOS 的内部功能来看,iOS 主要体现出以下几个方面的面向应用的特征。

第一,从系统管理的角度,"系统设置"提供了用户使用系统各主要资源以及系统工作模式设置选项的功能,并且使用户的操作更加简便,主要包括飞行模式的切换、无线局域网的开关,屏幕亮度的调节、勿扰模式的设置、蓝牙的选择、蜂窝移动网络数据等。

第二,从任务调度的角度,iOS 操作系统中的"多任务处理"使用户可以在各个 APP 之间方便地进行切换,这正是实现了操作系统中的多任务功能,前台程序与后台程序的顺序由操作系统进行合理的调度。

第三,从内存管理的角度,在系统"通用"→"用量"中提供了查看并管理手机存储空间的应用工具,使用户能够很方便地实现与系统功能的联系。

第四,从设备管理的角度,iOS 内部集成了多种设备管理的功能,并且提供接口供用户使用。此外,系统中的 Siri 能够利用语音来完成如发送信息、回拨电话、播放语音邮件、调节屏幕亮度、安排会议等功能,极大地提升了用户体验的水平。系统的 iCloud 功能允许用户存放照片、APP、电子邮件、通讯录、日历和文档等内容,并以无线方式将它们推送到用户可能的所有设备上,用户无须进行额外的操作。

第五,从软件的可持续性和扩展性,iOS 支持免费更新。当有软件的更新发布后,移动设备可以适时提醒用户下载最新的版本,用户便可以通过接入无线网络的方式将其下载到 iPhone、iPad 或 iPod touch。此外,由于苹果公司为第三方开发者提供了丰富的工具和 API,iOS 操作系统还支持数量众多的移动 APP,并且使第三方开发者所设计的 APP 也能充分利用 iOS 系统的先进技术。

4.4.4　Android 操作系统

移动操作系统是一种运算能力及功能比传统功能手机更强、体验性更好的操作系统。随着智能手机的逐渐普及和迅速发展,移动操作系统的应用也得到了极大的推广和应用。目前使用最多的操作系统有 Android、iOS 和 Windows Phone。本节主要介绍 Android

操作系统。

1. Android 发展历程

Android 操作系统应用灵活、开源免费、自由定制，是当前最受欢迎的移动端软件操作平台之一，并被广泛地应用在智能手机、平板电脑等移动终端设备上。

2003 年 10 月 Andy Rubin 等人创建了 Android 公司，并组建 Android 团队。2005年，Android 被 Google 收购，经过两年的发展，2007 年 11 月，Google 正式发布了基于 Linux 内核的操作系统和软件平台——Android 的操作系统；同时建立一个由 34 家手机制造商、软件开发商、电信运营商以及芯片制造商共同组成的一个全球性的联盟组织——开放手持设备联盟(Open Handset Alliance)，共同完成对 Android 操作系统的研发与设计，并将支持 Google 发布的手机操作系统及应用软件。同时，Google 以 Apache 免费开源许可证的授权方式发布了 Android 的源代码。2008 年 9 月，Google 正式发布了 Android 操作系统最早的版本——Android 1.0 系统。截止到本教材编写之时，Android 最新版本为 7.0。

2. Android 系统架构与特点

结合 Android 操作系统的管理功能和系统层级，从 Android 的内部功能来看，Android 操作系统的系统架构从高层到低层分别是应用程序层、应用程序框架层、系统运行库层和 Linux 核心层。

应用程序层是丰富的应用程序，Android 会同一系列核心应用程序包一起发布，同时由于使用 Java 进行开发，Android 继承了 Java 跨平台的优点。任何 Android 应用几乎无须任何修改就能运行于所有的 Android 设备。

应用程序框架层的设计简化了组件的重用机制，即任何一个应用程序都可以发布它的功能块并且任何其他的应用程序都可在遵循框架的安全性前提下使用其所发布的功能块。该机制也使用户可以方便地替换程序组件，开发人员可以访问核心应用程序所使用的 API 框架。

系统运行库层包含程序库和运行库。其中程序库包含一些 C/C++ 库，这些库能被 Android 系统中不同的组件使用。它们通过 Android 应用程序框架为开发者提供服务；运行库包括了一个核心库，提供了 Java 编程语言核心库的大多数功能。

Linux 内核层是 Android 的核心系统，服务依赖于 Linux 内核，如安全性、内存管理、进程管理、网络协议栈和驱动模型，从而能够利用 Linux 已有的硬件支持。

Android 操作系统是一个开放的手机操作系统平台，为移动设备提供了一个包含操作系统、中间件及应用程序的软件叠层架构的完整体系结构的操作系统开发与设计的范式，有利于大量的移动端 APP 的设计与应用。2015 年，Android 系统的应用数目即已经达到百万，2017 年 5 月统计数据显示，Android 已超越 Windows 成为互联网用户最常用的系统。

4.5 应 用 软 件

应用软件是专门为实现某一应用而编制的软件,它可以拓宽计算机系统的应用领域,放大硬件的功能。目前,计算机应用领域非常广阔,涉及工业、农业、科学研究、教育、医疗、商业、娱乐、国防、行政管理,直至家庭和个人等各个领域。在这些领域中的应用一般可分为业务数据处理、科学研究、过程控制和人工智能等几大类。应用软件按照技术特点可分为以下几类。

1. 业务数据处理软件

业务数据处理软件处理日常业务信息的输入、存储、修改、检索等,主要指各行业的MIS(Management Information System)管理系统。例如企业 ERP(Enterprise Resource Planning)管理系统(包括工资管理软件、人事管理软件、仓库管理软件、计划生产管理软件等)、医院的 HIS(Hospital Information System)管理系统、高校的教学教务管理系统等。

2. 科学计算软件

这类软件注重数值算法及速度和精度,目前已转向多机协作计算、并行计算、可视化计算、大量的图形的计算机辅助设计。

3. 实时过程控制软件

用来监控、分析、控制实时事务的软件就是实时过程控制软件。它从外部环境获取信息,以此为依据分析处理后,按预定的方案实施自动或半自动控制,安全、准确地完成任务,且满足一定的时间要求(一般是 $1\mu s \sim 1s$),多用于工业控制系统。

4. 人工智能软件

以非数值算法解题,一般有一个知识库,用于存放知识和规则。此类软件计算量大、空间开销也大。实际可用的是各种专家系统、神经网络系统等,用于辅助决策、模式识别等。

5. 嵌入式软件

嵌入式软件使工业产品的自动化智能化成为可能。每个产品(如手机、电冰箱、电梯、汽车、导弹等)中放一个单片机,其中的软件即可根据传感器传入的数据控制该产品的行为。

6. 个人计算机软件

包括文字处理软件、表格处理软件、图形图像处理软件、媒体制作及播放软件、游戏等休闲娱乐软件、网络应用及通信类软件等。

习 题 4

1. 计算机系统是什么？

2. 什么是软件？它的主要作用是什么？

3. 系统软件与应用软件有什么区别？

4. 试述计算机操作系统的作用。

5. 试述计算机操作系统主要的组成部分。

6. 试述操作系统的由来。

7. 什么是进程？它与程序有什么关系？

8. 试述存储器管理有哪些功能。

9. Windows 操作系统提供的用户界面是什么？

10. 简述 Windows 操作系统的发展。

11. 简述 UNIX 操作系统的特点，并列举几种 UNIX 操作系统。

12. 为什么 Linux 是自由的操作系统？列举几种 Linux 操作系统。

参 考 文 献

[1] 战德臣,聂兰顺.大学计算机——计算思维导论[M].北京：电子工业出版社,2014.

[2] 庞丽萍,阳富民.计算机操作系统[M]. 2 版.北京：人民邮电出版社,2014.

[3] 陈国良.计算思维导论[M].北京：高等教育出版社,2012.

[4] 郑丽洁,陈利.操作系统教学中的计算思维能力培养[M].计算机教育,2013(15) 82-84.

[5] 王荣良.计算思维教育[M].上海：上课科技教育出版社,2014.

[6] 麦中凡,等.计算机软件技术基础[M].3 版.北京：高等教育出版社,2007.

[7] 庞丽萍,等.计算机软件技术导论[M].北京：高等教育出版社,2006.

第5章

计算机网络

5.1　网络知识基础

5.1.1　计算机网络的形成和发展

计算机网络技术是计算机及其应用技术与通信技术密切结合的产物。计算机技术和通信技术相互渗透、相互影响,使计算机网络技术在理论上逐步发展,功能上逐步增强,应用上逐步广泛,不仅形成了较为完整的体系结构,而且已经成为各种先进技术发展的基础。

计算机网络的发展经历了由简单到复杂、由低级到高级的发展过程,它萌芽于20世纪60年代,70—80年代得到发展与完善,并在90年代以后不断壮大,成为当今社会不可缺少的重要工具。

计算机网络的发展和演变过程,大致上可分为以下三个阶段。

1.　面向终端的计算机网络系统

为了远程使用计算机,人们把远距离的多个终端通过通信线路与中心计算机相连,使用中心计算机系统的主机资源,该系统又称终端—计算机网络,是早期计算机网络的主要形式,如图5-1所示。具有代表性的单机系统是美国在20世纪50年代建立的半自动地面防空系统(SAGE)。

随着应用的进一步发展,单终端系统表现出主机负担过重和线路利用率低的局限性,20世纪60年代

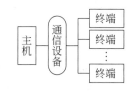

图5-1　具有通信功能的单终端系统

出现了在中心计算机和通信线路之间设置通信控制处理机(Communication Control Processor,CCP),或叫前端处理机(Front End Processor,FEP),专门负责通信控制,此外,在低速终端较集中的地方设置集中器(Concentrator)。用低速线路将所有终端汇集到集中器,再通过高速通信线路与中心计算机相连,如图5-2所示。具有代表性的多终端系统是20世纪60年代初在美国建成的全国性航空公司飞机订票系统(SABRE),它用一台中心计算机连接遍布全国各地的2000多个售票终端。

2. 资源共享的计算机网络

该系统又称计算机-计算机网络,是 20 世纪 60 年代中期发展起来的,该系统是由若干台计算机相互连接起来的系统,即利用通信线路将多台计算机连接起来,实现计算机与计算机之间的通信,如图 5-3 所示。

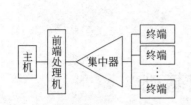

图 5-2　具有通信功能的多终端系统

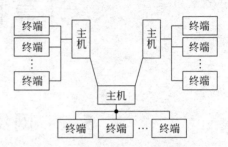

图 5-3　资源共享的计算机网络

具有代表性的计算机-计算机网络系统是美国国防部高级研究计划局(Advanced Research Project Agency,ARPA)研制的 ARPANET 网络于 1969 年建成,是连接 4 台计算机的实验性网络,之后不断扩大规模,如今已退出历史舞台。ARPANET 是计算机网络发展史上的一个里程碑,标志着以资源共享为目的的现代计算机网络的诞生。

资源共享的计算机网络是真正意义上的计算机网络。该系统中,多台计算机通过通信子网构成了一个有机的整体,既分散又统一,从而使整个系统性能大大提高;原来单一主机的负载可以分散到全网的各个计算机上,使得网络系统的响应速度加快;而且在这种系统中,单机故障也不会导致整个网络系统的全面瘫痪。

3. 网络体系结构标准化以及 Internet 的高速发展

20 世纪 70 年代,为了适应计算机网络扩充和互连的需要,各网络研制部门开始致力于计算机系统互连以及计算机网络协议标准化的研究,以使不同的计算机系统、不同的网络系统能互连在一起。国际标准化组织于 1983 年颁布了"开放系统互连基本参考模型",大大促进了计算机网络的规范化。

20 世纪 80 年代后期,由于 Internet 在美国获得迅速发展和巨大成功,世界各工业化国家以及一些发展中国家都纷纷加入 Internet 的行列,使 Internet 成为全球性的网络。

进入 20 世纪 90 年代,计算机网络的发展更加迅速,综合了其发展历史中各阶段的特点。目前计算机网络正在向综合化、智能化、高速化发展。

5.1.2　计算机网络的定义及功能

1. 计算机网络的定义

计算机网络就是利用通信设备和线路,将地理位置不同的、功能独立的多个计算机系统互联起来,以功能完善的网络软件实现网络中资源共享和信息交换的系统。

2. 计算机网络的功能

计算机网络的功能主要体现在三个方面：信息交换、资源共享、分布式信息处理。

（1）信息交换

信息交换功能是计算机网络最基本的功能，主要完成计算机网络中各节点之间的系统通信。用户可以在网上浏览信息、查阅资料、发送和接收电子邮件、上传和下载文件、网上购物等。

（2）资源共享

资源共享功能包括共享软件、硬件资源。软件资源包括巨型数据库和其他数据信息等，硬件资源包括各种输入输出设备、大容量存储设备、巨型计算机等。

（3）分布式信息处理

分布式信息处理功能是对于较大型的综合问题，通过一定的算法将任务分交给不同的计算机完成，达到均衡利用网络资源，实现分布式处理的目的。

5.1.3 常见计算机网络设备

网络硬件设备是组成计算机网络系统的物质基础，不同的计算机网络系统，所使用的网络硬件设备差别很大。随着计算机技术和网络技术的发展，网络硬件设备日趋多样化，结构越来越复杂，功能越来越强大。网络硬件设备可以分为四类，它们分别是计算机设备、网络接口设备、传输介质和网络互联设备。

1. 计算机设备

网络中的计算机，根据作用不同，可分为服务器和网络工作站。

服务器的主要功能是通过网络操作系统控制和协调网络各工作站的运行，处理和响应各工作站同时发来的各种网络操作要求，提供网络服务。根据所提供服务的不同，可划分为文件服务器、计算服务器、打印服务器、数据库服务器、网站服务器和邮件服务器等。有时同一台计算机，可能身兼多种服务器的职责，如同时为文件服务器和打印服务器等。工作站是网络各用户的工作场所。当一台计算机连接到网络上，它就成为工作站，可以使用网络所提供的服务。

点对点技术（Peer-to-Peer，P2P）又称对等互联网络技术，是一种网络新技术，不把依赖都聚集在较少的几台服务器上。也就是说，在 P2P 技术中，没有固定的服务器或工作站，参与 P2P 通信的每一台计算机，都随时可以是服务器或工作站。P2P 技术通常应用于即时通信软件（如 QQ、MSN 等）、BT 下载软件、电驴、迅雷等。

2. 网络接口设备

网络接口设备是连接计算机设备与传输介质的设备。常用的网络接口设备有网络接口卡、调制解调器等。

（1）网络接口卡

网络接口卡（Network Interface Card，NIC）又称网络适配器（Network Interface Adapter，NIA），简称网卡，用于实现计算机和网络电缆之间的物理连接，为计算机之间相互通信提供一条物理通道，并通过这条通道进行高速数据传输。

不同类型的网络使用不同类型的网卡。常用的网络类型有以太网、令牌环网、FDDI（Fiber Distributed Data Interface，光纤分布数据接口）网络、无线局域网等，因此相应地有以太网卡、令牌环网卡、FDDI网卡、无线网卡等。

每个网络接口卡在出厂时，都会有一个全世界唯一的编号，以48位二进制数的形式记录在其芯片中，称为"MAC（Media Access Control）地址"。图5-4所示为较为常见的一种网络接口卡。

图5-4　网络接口卡

（2）调制解调器

调制解调器即Modem，按其发音，通常称其为"猫"，是计算机与电话线之间进行信号转换的装置。它由调制器和解调器两部分组成，调制器是把计算机的数字信号调制成可在电话线上传输的模拟信号的装置，在接收端，解调器再把由电话线传来的模拟信号转换成计算机能接收的数字信号。通过调制解调器和电话线就可以实现计算机之间的数据通信。

目前调制解调器主要有三类：内置式、外置式和PC卡式。内置式是一块直接插在计算机主机箱内扩展槽中的电路板；外置式调制解调器是一台独立的设备，面板上有与PC串口（RS-232）连接的接口和与电话线连接的接口；PC卡式调制解调器是专门为笔记本计算机设计的，直接插在笔记本计算机的标准PCMCIA插槽中。图5-5所示为一种外置式的调制解调器。

图5-5　调制解调器

3. 传输介质

传输介质也称为传输媒体或者传输媒介。传输介质是通信网络中发送方与接收方之间传送信息的物理通道,传输介质的质量好坏直接影响数据传输的质量,如速率、数据丢失等。

常用的网络传输分为有线传输和无线传输两大类。有线传输介质主要有双绞线、同轴电缆和光缆,无线传输主要指微波及红外通信等。

（1）双绞线

双绞线（Twisted Pair）是综合布线工程中最常用的一种传输介质,是由若干对相互绝缘的铜导线按照一定的规则互相缠绕在一起而做成的。双绞线按其抗干扰能力可分为屏蔽双绞线 STP（Shielded TP）和非屏蔽双绞线 UTP（Unshielded TP）。

双绞线按其电气性能分为三类、四类、五类、超五类、六类、七类等类型。类型的数字越大,带宽越高,价格也越贵。目前一般局域网中常用的是五类或超五类双绞线,六类双绞线也逐渐普及。双绞线的两端必须装上 RJ-45 连接器（俗称"网线头""水晶头"等）才能与网卡、集线器或者交换机等设备连接。图 5-6 所示为超五类双绞线及水晶头。

图 5-6　双绞线及水晶头

（2）同轴电缆

同轴电缆（Coaxial）是指有两个同心导体,而导体和屏蔽层又共用同一轴心的电缆。最常见的同轴电缆由绝缘材料隔离的铜线导体组成,在里层绝缘材料的外部是另一层环形导体及其绝缘体,然后整个电缆由聚氯乙烯或特氟纶材料的护套包住。同轴电缆按其阻抗特性可分为两类：50Ω 同轴电缆和 75Ω 同轴电缆。有线电视的信号线就是一种同轴电缆。同轴电缆的结构如图 5-7 所示。

图 5-7　同轴电缆

（3）光缆

光缆（Fiber）即光纤电缆。光纤是新一代的传输介质，由单根玻璃光纤、紧靠光纤的包层以及塑料保护层组成。根据光纤的传播方式，光纤可分为多模光纤和单模光纤。

光缆与双绞线、同轴电缆相比，由于其利用光信号传输数据，故具有通信容量大、传输损耗小、中继距离长、抗雷电和电磁干扰性能好、无串音干扰、保密性好、体积小、重量轻等优点。图 5-8 所示为一种光缆。

（4）无线传输

也可以利用无线传输方式传输计算机数据，主要有无线电波和红外线。

4. 网络互连设备

（1）中继器

每种传输介质都有最大的传输距离，超过这个距离，数据信号就会衰减到无法利用。中继器（Repeater）的作用是连接两个或多个网段，通过对数据信号的重新发送或者转发，对信号起中继放大作用，来扩大网络传输的距离。

（2）集线器

集线器（Hub）是一种特殊的中继器，是对网络进行集中管理的最小单元，它只是一个信号放大和中转的设备，不具备自动寻址能力和交换作用。集线器上的所有端口争用一个共享信道的带宽，并且采用广播的形式传输数据，即向所有端口传送数据。因此，随着网络节点数量的增加、数据传输量的增大，每节点的可用带宽将随之减少，容易形成数据堵塞。图 5-9 所示为一种集线器。

图 5-8　光缆

图 5-9　集线器

（3）交换机

交换机（Switch）又名交换式集线器，作用与集线器大体相同，但是与集线器又有本质的区别：交换机会"记住"哪个接口连接着哪个设备，采用的是独享带宽，从而大幅提高了网络的传输速率。图 5-10 所示为一种交换机。

（4）路由器

路由器（Router）是一种连接多个网络或网段的网络设备，主要功能是进行路径选择。

图 5-10　交换机

互联网中的许多子网络通过路由器连接在一起。当数据要从主机 A 发送到主机 B 时,需要途经的各个路由器为数据选择最优的路径。一个路由器通过保存在其中的路由表来记录它所能转发的相邻网络的相应路径。

路由器一般还集成了网关(Gateway)的功能。所谓网关,可以理解为一个网络的进出口、门户,是数据进出网络的必经之路。网络内部的数据要首先发送给网关,再由网关负责向网络外部转发;同样,网络外部的数据要发送给网络内部的设备,也需要先发送给网关,再由网关转发给目的设备。图 5-11 所示为一种小型路由器。

图 5-11　小型路由器

5.1.4　计算机网络的体系结构

计算机网络从无到有的发展历史过程中,各个厂家、各个组织机构都设计、采用了各自的计算机类型、通信线路类型、连接方式、同步方式、通信方式等,形成了各种各样的网络系统,当这些不同的网络系统之间要实现互联时,就必然存在了诸多不便。要使不同的设备真正以协同方式进行通信是十分复杂的。要解决这个问题,势必涉及通信体系结构设计和各厂家共同遵守约定标准等问题,即计算机网络体系结构和协议问题。

1. 网络协议

网络协议即网络中传递、管理信息的一些规范。如同人与人之间相互交流是需要遵循一定的规矩一样,计算机之间的相互通信也需要共同遵守一定的规则,这些规则就称为网络协议。

一台计算机只有在遵守网络协议的前提下,才能在网络上与其他计算机进行正常的通信。网络协议通常被分为几个层次,每层完成自己单独的功能。通信双方只有在共同的层次间才能相互联系。常见的协议有 TCP/IP 协议、IPX/SPX 协议、NetBIOS 协议等。在互联网上被广泛采用的是 TCP/IP 协议,用户如果访问 Internet,则必须在操作系统的网络协议中添加 TCP/IP 协议。

2. ISO/OSI 网络体系结构

1977 年 3 月，国际标准化组织 ISO 的技术委员会 TC97 成立了一个新的技术分委会 SC16，专门研究"开放系统互连"，并于 1983 年提出了开放系统互连（OSI）参考模型。

OSI 参考模型的 7 层网络体系结构如图 5-12 所示，从底层往上依次为物理层、数据链路层、网络层、传输层、会话层、表示层和应用层。其中物理层、数据链路层和网络层通常被称为媒体层（Media Level），属于计算机网络中的通信子网，主要用于创建两个网络设备间的物理连接，是计算机网络工程师研究的对象；传输层、会话层、表示层和应用层则被称为主机层，属于计算机网络中的资源子网，主要负责互操作性，是网络用户所面对的内容。

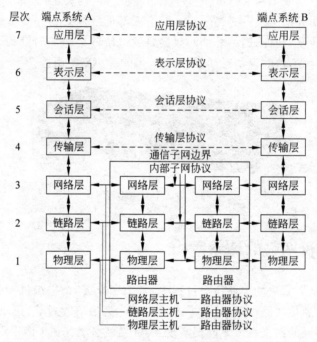

图 5-12　开放系统互连（OSI）参考模型

（1）物理层

物理层涉及通信在信道上传输的原始比特流。这里的设计主要是处理机械的、电气的和过程的接口，以及物理层下的物理传输介质等问题。物理层的主要功能是利用物理传输介质为数据链路层提供物理连接，关心的是如何可靠无误地通过电流、无线电波、光波等传输介质传送比特流信号。其中主要涉及进行数模/模数转换的调制/解调技术、数字信号处理技术等。

（2）数据链路层

数据链路层的主要任务是加强物理层传输原始比特的功能，实现网络中相邻两台主机之间以数据帧的形式传输数据，并通过检错和纠错机制保证传输数据的正确性，使之对网络层呈现为一条无错线路。数据链路层要解决的另一个问题是流量控制。通常流量控制和出错处理同时完成。如果线路能用于双向传输数据，数据链路层的软件还必须解决发送双方数据帧竞争线路的使用权问题。广播式网络在数据链路层还要处理共享信道访问的问题。数据链路层的通信通过主机的 MAC 地址来寻找主机。交换机工作在数据链路层。

（3）网络层

网络层关系到由若干台主机连接成的子网的运行控制，其中一个关键问题是确定分组（即数据包）从源端到不一定相邻的目的端如何选择路由，即确定数据包要从源端传输到目的端所要经过的路径。

如果在子网中同时出现过多的分组，它们将相互阻塞通路，形成瓶颈。此类拥塞控制也属于网络层的范围。网络层也要关心流量控制的问题。网络层还必须解决异种网络的互连问题。网络层的通信通过主机的 IP 地址来寻找主机。路由器工作在网络层。

（4）传输层

传输层的基本功能是从会话层接收数据，并且在必要时把它分成较小的单元，传递给网络层，并确保达到对方的各段信息正确无误，实现通信双方的进程之间的通信。传输层的目的在于在不可靠的网络层之上提供一个可靠的传输服务，它要解决传输双方建立连接、传输数据、释放连接的过程，也要关心错误控制和流量控制。传输层的通信通过进程对应的端口号来寻找主机上的进程。传输层使会话层不受硬件技术变化的影响。

（5）会话层

会话层允许不同机器上的用户建立会话关系。

会话层服务之一是管理对话。会话层允许信息同时双向传输，或任一时刻只能单向传输。

另一种会话服务是同步。会话层在数据流中插入检查点。每次网络崩溃后，仅需要重传最后一个检查点以后的数据。

（6）表示层

表示层以下的各层只关心可靠地传输比特流，而表示层关心的是所传输信息的语法和语义。表示层服务的一个典型例子是对数据编码。为了让采用不同表示方法的计算机之间能进行通信，交换中使用的数据结构可以用抽象的方式来定义，并且使用标准的编码方式。表示层管理这些抽象数据结构，并且在计算机内部表示法和网络的标准表示法之间进行转换。

（7）应用层

应用层是 OSI 模型的终端用户界面，包含大量用户普遍需要的协议。它的主要任务是显示接收到的信息，以及把用户的新数据发送到较低层。比较典型的协议包括 HTML、FTP 等。

3. Internet 网络体系结构

Internet 不是一个实际的物理网络或独立的计算机网络，它是世界上各种使用统一 TCP/IP 协议的网络的互连。Internet 已是一个在全球范围内急剧发展且占主导地位的计算机互连网络。

Internet 网络体系结构以 TCP/IP 协议为核心。其中 IP 协议用来给各种不同的通信子网或局域网提供一个统一的互连平台,TCP 协议则用来为应用程序提供端到端的通信和控制功能。

TCP/IP 协议(Transfer Control Protocol/Internet Protocol)叫做传输控制协议/网际协议,这个协议是 Internet 国际互联网络的基础。

TCP/IP 是网络中使用的基本的通信协议。虽然从名字上看 TCP/IP 包括传输控制协议和网际协议两个协议,但 TCP/IP 实际上是一组协议,包括上百个各种功能的协议,如远程登录协议(Telnet)、文件传输协议(FTP)和简单邮件传输协议(SMTP)等。

(1) TCP/IP 协议的特点

- 开放的协议标准,可以免费使用,并且独立于特定的计算机硬件与操作系统;
- 独立于特定的网络硬件,可以运行在局域网、广域网,更适用于互联网中;
- 统一的网络地址分配方案,使得整个 TCP/IP 设备在网中都具有唯一的地址;
- 标准化的高层协议,可以提供多种可靠的用户服务。

(2) TCP/IP 协议的作用

TCP/IP 协议的基本传输单位是数据包(datagram)。TCP 协议负责把数据分成若干个数据包,并给每个数据包加上包头(就像给一封信加上信封),包头上有相应的编号,以保证在数据接收端能将数据还原为原来的格式。IP 协议在每个包头上再加上接收端主机地址,这样数据能找到自己要去的地方。如果传输过程中出现数据丢失、数据失真等情况,TCP 协议会自动要求数据重新传输,并重新组包。总之,IP 协议保证数据的传输,TCP 协议保证数据传输的质量。

TCP/IP 参考模型从下到上共分 4 层:主机至网络层、网络层、传输层和应用层。

5.1.5 网络的拓扑结构

计算机网络拓扑结构是网络的映像,它是有关电缆如何连接、节点和节点间如何相互作用的规划。网络的拓扑结构可以用物理或逻辑的观点来描述,物理拓扑和逻辑拓扑可以不相同,也可以相同。物理拓扑是指组成网络的各部分的几何分布,它不是网络图,只是用图形表述的网络外观形状和结构;逻辑拓扑描述了成对的可通信的网络端点间的可能连接,它描述了网络设备之间通信数据实际的流通结构,即哪些端点可以同其他端点通信,以及可通信的端点间是否有直接物理连接。无论是物理拓扑还是逻辑拓扑,局域网的拓扑结构都分为总线型结构、星形结构、环形结构、树状结构和网状结构等。

1. 总线型拓扑结构

总线结构是指各工作站和服务器均挂在一条总线上,如图 5-13 所示。各工作站地位平等,无中心节点控制。公用总线上的信息多以基带形式串行传递,其传递方向总是从发送信息的节点开始向两端扩散,如同广播电台发射的信息一样,因此又称广播式计算机网络。各节点在接收信息时都进行地址检查,看是否与自己的工作站地址相符,相符则接收网上的信息。

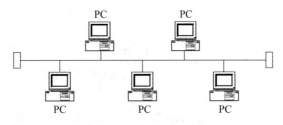

图 5-13　总线型拓扑结构

总线型结构的网络特点：结构简单，可扩充性好。当需要增加节点时，只需要在总线上增加一个分支接口便可与分支节点相连，当总线负载不允许时还可以扩充总线；使用的电缆少，且安装容易；使用的设备相对简单，可靠性高；但维护难，分支节点故障查找难。

2. 星形拓扑结构

星形结构是指各工作站以星形方式连接成网，网络有中央节点，其他节点(工作站、服务器)都与中央节点直接相连，如图 5-14 所示。这种结构以中央节点为中心，因此又称为集中式网络。物理上是星形结构的网络，其逻辑上可能是其他结构。

星形结构的特点：结构简单，便于管理；控制简单，便于建网；网络延迟时间较小，传输误差较低。但缺点也是明显的：成本高、可靠性较低、资源共享能力也较差。

3. 环形拓扑结构

环形结构由网络中若干节点通过点到点的链路首尾相连形成一个闭合的环，如图 5-15 所示。这种结构使公共传输电缆组成环形连接，数据在环路中沿着一个方向在各个节点间传输，信息从一个节点传到另一个节点。

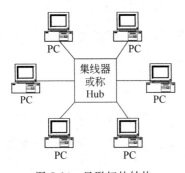

图 5-14　星形拓扑结构

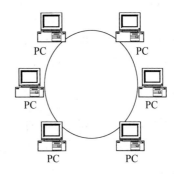

图 5-15　环形拓扑结构

环形结构的特点：信息流在网中是沿着固定方向流动的，两个节点仅有一条道路，故简化了路径选择的控制；由于信息源在环路中是串行地穿过各个节点，当环中节点过多时，势必影响信息传输速率，使网络的响应时间延长；环路是封闭的，不便于扩充；可靠性低，一个节点故障，将会造成全网瘫痪；维护难，对分支节点故障定位较难。

4. 树状结构

树状结构网络是一种分层网,信息交换主要在上下节点间进行。形状像一棵倒置的树,顶端为根,从根向下延伸出分支,每个分支又可以延伸出多个分支,一直到树叶。

树状结构易于扩展,但是一个非叶子节点发生故障很容易导致网络分割。

5. 网状结构

网状结构的控制功能分散在网络的各个节点上,网上的每个节点都有几条路径与网络相连。即使一条线路出故障,通过迂回线路,网络仍能正常工作,但是必须进行路由选择。网状结构可靠性高,但网络控制和路由选择比较复杂,一般用在广域网中。

5.1.6 网络的分类

计算机网络的分类标准很多,按照联网的计算机之间的距离和网络覆盖面的不同,一般分为局域网(Local Area Network,LAN)、城域网(Metropolitan Area Network,MAN)、广域网(Wide Area Network,WAN)。

1. 局域网

局域网是指在一个较小地理范围内的各种计算机网络设备互连在一起的通信网络,可以是一个建筑物内、一个校园内或者大至数千米直径的一个区域。它的特点是:距离短、延迟小、数据速率高、传输可靠、传输的误码率低。

2. 城域网

城域网基本上是一种大型的局域网,通常使用与局域网相似的技术。它可以覆盖一组邻近的公司办公室和一个城市,既可能是私有的也可能是公用的。

3. 广域网

在一个广泛范围内建立的计算机通信网。广泛的范围是指地理范围而言,可以超越一个城市、一个国家甚至是全球。它的特点是:传输速率比较低、网络结构复杂、传输线路种类比较少。

4. 其他的分类方法

- 按网络的拓扑结构可以分为总线网、环形网、星形网;
- 按信息交换方式可以分为电路交换网、分组交换网和综合交换网;
- 按通信介质可以分为双绞线网、同轴电缆网、光纤网、微波和卫星网等;
- 按网络的操作系统可以分为 Novell 网、Windows 网、UNIX 网等;

- 按网络的信道可以分为窄带网、宽带网；
- 按网络的用途可以分为教育网、科研网、商业网、企业网等。

5.2　Internet 知识基础

5.2.1　Internet 概述

Internet 是目前世界上最大的计算机网络，几乎覆盖了整个世界。

1. Internet 的发展

Internet 始于 1969 年，是在 ARPA（美国国防部研究计划署）制定的协定下将美国西南部的加利福尼亚大学洛杉矶分校、斯坦福大学研究学院、加利福尼亚大学和犹他州大学的四台主要的计算机连接起来，组成了 ARPANET。它被认为是 Internet 的雏形，之后越来越多的大学、研究机构和公司加入进来。

随着 TCP/IP 体系结构的发展，Internet 在 20 世纪 70 年代迅速发展壮大。到 1983 年，整个世界普遍采用了这个体系结构。

1978 年，UUCP（UNIX 和 UNIX 拷贝协议）在贝尔实验室被提出来。1979 年，在 UUCP 的基础上新闻组网络系统发展起来。它为在全世界范围内交换信息提供了一个新的方法。新闻组是 Internet 发展中非常重要的一部分。

BITNET（一种连接世界教育单位的计算机网络）连接到世界教育组织的 IBM 的大型机上，于 1981 年开始提供邮件服务。网关被开发出来用于 BITNET 和 Internet 的连接，同时提供电子邮件传递和邮件讨论列表。这形成了 Internet 发展中的又一个重要部分。

当 E-mail（电子邮件）、FTP（文件下载）和 Telnet（远程登录）的命令都被定为标准时，学习和使用网络对于非工程技术人员变得非常容易，这极大地推广了 Internet 的应用。

任职于欧洲核子研究组织的蒂姆·伯纳斯-李于 1990 年底推出世界上第一个网页浏览器和第一个网页服务器，推动了万维网的产生，导致了 Internet 应用的迅速发展。

20 世纪 90 年代初，独立的商业网络开始发展起来，Internet 得到迅猛而长足的发展。

时至今日，Internet 与移动通信网络相结合，产生了移动互联网，Internet 更进一步延伸到人们日常学习、工作和生活的各个角落。随着物联网的发展，Internet 的虚拟世界必将与现实世界更加密不可分。

2. Internet 在中国的发展

早在 1986 年，由北京计算机应用技术研究所（即当时的国家机械委计算机应用技术研究所）和德国卡尔斯鲁厄大学（Karlsruhe University）合作，启动了名为 CANET（Chinese Academic Network）的国际联网项目。1987 年 9 月，在北京计算机应用技术研究所内正式建成我国第一个 Internet 电子邮件节点，通过拨号 X.25 线路，连通了

Internet 的电子邮件系统。1987 年 9 月 14 日,通过 Internet,中国向全世界发出了第一封发自北京的电子邮件:"越过长城,通向世界",揭开了中国人使用 Internet 的序幕。

1994 年 4 月 20 日,NCFC 工程通过美国 Sprint 公司连入 Internet 的 64K 国际专线开通,实现了与 Internet 的全功能连接。从此中国被国际上正式承认为真正拥有全功能 Internet 的国家。同年 5 月,中国科学院高能物理研究所设立了国内第一个 Web 服务器,国家智能计算机研究开发中心开通中国大陆的第一个 BBS 站。6 月 28 日,在日本东京理科大学的大力协助下,北京化工大学开通了与 Internet 相连接的试运行专线。

1996 年 1 月,中国公用计算机互联网(CHINANET)全国骨干网建成并正式开通,全国范围的公用计算机互联网络开始提供服务。

1997 年 5 月 30 日,国务院信息化工作领导小组办公室发布《中国互联网络域名注册暂行管理办法》,授权中国科学院组建和管理中国互联网络信息中心(CNNIC),授权中国教育和科研计算机网网络中心与 CNNIC 签约并管理二级域名.edu.cn。

2006 年 1 月 1 日,中华人民共和国中央人民政府门户网站(www.gov.cn)正式开通。该网站是国务院和国务院各部门,以及各省、自治区、直辖市人民政府在国际互联网上发布政务信息和提供在线服务的综合平台。

2007 年 9 月 7 日,《2007 年中国农村互联网调查报告》发布,截至 2007 年 6 月,我国农村网民规模超过 3700 万人,城乡之间存在较大差距,农村互联网普及率为 5.1%;而同期我国城镇互联网普及率为 21.6%。这是我国首次就农村互联网发展状况发布调查报告。

2007 年 9 月 30 日,国家电子政务网络中央级传输骨干网网络正式开通,这标志着统一的国家电子政务网络框架基本形成。12 月 4 日,美国纳斯达克证券交易所宣布,百度公司成为纳斯达克 100 指数和纳斯达克 100 平均加权指数的一部分。这是第一家入选纳斯达克 100 指数的中国公司。12 月 31 日,中国国家域名 CN 域名注册量达到 900.2 万个,占我国域名总数的 75.4%,CN 域名下网站达到 100.6 万个,占我国网站总数的 66.9%。标志着 CN 域名已成为国内注册及应用的主流域名。同年,腾讯、百度、阿里巴巴市值先后超过 100 亿美元。中国互联网企业跻身全球最大互联网企业之列。

2017 年 1 月,中国互联网络信息中心 CNNIC 发布了《第 39 次中国互联网络发展状况统计报告》。报告中称,截至 2016 年 12 月,我国网民规模达到 7.31 亿,互联网普及率为 53.2%,较 2015 年底提升了 2.9 个百分点;我国手机网民规模达 6.95 亿,较 2015 年底增加 7550 万人,网民中使用手机上网人群占比由 2015 年底的 90.1% 提升至 95.1%;中国网民中农村网民占比 27.4%,规模达 2.01 亿;中国网民手机上网使用率为 95.1%,较 2015 年底提高 5 个百分点;通过台式计算机和笔记本计算机接入互联网的比例分别为 60.1% 和 36.8%;平板计算机上网使用率为 31.5%;电视上网使用率为 25%。

CNNIC 的报告中总结中国互联网发展的特点为:互联网普及率增长稳健;手机上网主导地位强化;农村互联网普及率保持平稳,城乡差异依然较大;网上支付线下场景不断丰富,大众线上理财习惯逐步养成;在线教育、在线政务服务发展迅速,互联网带动公共服务行业发展。

5.2.2 IP 地址

1. IP 地址基本概念

Internet 依靠 TCP/IP 协议,在全球范围内实现不同硬件结构、不同操作系统、不同网络系统的互联。连在某个网络上的两台计算机之间在相互通信时,在它们所传送的数据包里都会含有某些附加信息,这些附加信息就是发送数据的计算机的地址和接收数据的计算机的地址。像这样,人们为了通信的方便给每一台计算机都事先分配一个类似日常生活中的电话号码一样的标识地址,该标识地址就是 IP 地址,而且在 Internet 范围内是唯一的。

目前,使用得最为广泛的 32 位二进制的 IP 地址称为"IPv4"。为了应对 IPv4 地址枯竭的情况,人们又设计了 128 位二进制的 IPv6,也已经逐渐普及应用。

2. IPv4 及其分类

IPv4 地址采用分层结构。IPv4 地址由网络号与主机号两部分组成。其中,网络号用来标识一个逻辑网络,主机号用来标识网络中的一台计算机。根据 TCP/IP 协议规定,IPv4 地址是由 32 位二进制数组成的,例如,某台计算机 IPv4 地址为 11001010 00000100 10000010 00110010。这些数字对于人们来说不太好记忆,人们为了方便记忆,就将组成计算机的 IPv4 地址的 32 位二进制分成 4 组,每组 8 位,中间用小数点隔开,然后将每 8 位二进制转换成十进制数。这样上述计算机的 IPv4 地址就变成了 202.4.130.50,显然更方便人们记忆。人们按照网络规模的大小,将 IPv4 地址分为 A、B、C、D、E 五类地址,如图 5-16 所示。

图 5-16 IPv4 地址的分类

(1) A 类 IPv4 地址

A 类 IPv4 地址是指,在 IPv4 地址的四组号码中,第一组号码为网络号码,剩下的三组号码为本地计算机的号码。如果用二进制表示 IPv4 地址的话,A 类 IPv4 地址就由 8

位二进制的网络地址和 24 位二进制的主机地址组成,网络地址的最高位必须是"0"。A 类 IPv4 地址中网络的标识长度为 7 位,除去全为 0(表示本地网络)和全为 1(诊断专用)以外,网络地址的有效值范围是十进制 1~126,可以用于作为 A 类地址标识。主机标识的长度为 24 位,用于主机编号。所以,A 类地址的有效网络数为 126 个,每个网络号所包含的有效主机数为 16 777 214 台。A 类地址一般分配给具有大量主机的网络用户。

（2）B 类 IPv4 地址

B 类 IPv4 地址是指,在 IPv4 地址的四组号码中,前两组号码为网络号码,剩下的两组号码为本地计算机的号码。B 类 IPv4 地址就由 16 位二进制的网络地址和 16 位二进制的主机地址组成,网络地址的最高位必须是"10"。B 类 IPv4 地址中网络的标识长度为 16 位,网络地址的有效值范围是十进制 128.0~191.255 主机标识的长度为 16 位,用于主机编号。所以,B 类地址的有效网络数为 16 384 个,每个网络号所包含的有效主机数为 66 543 台。B 类网络地址适用于中等规模的网络。

（3）C 类 IPv4 地址

C 类 IPv4 地址是指,在 IPv4 地址的四组号码中,前三组号码为网络号码,剩下的一段号码为本地计算机的号码。如果用二进制表示 IPv4 地址的话,C 类 IPv4 地址就由 24 位二进制的网络地址和 8 位二进制的主机地址组成,网络地址的最高位必须是"110",主机标识的长度为 8 位,用于主机编号。所以 C 类地址有效网络数为 2 097 152 个,每个网络号所包含的有效主机数为 254 台。C 类地址数量较多,适用于小规模的局域网络。

（4）D 类地址与 E 类地址

D 类地址是多点广播地址。E 类地址留着将来作为特殊用途使用。

此外,人们还在 A、B、C 三类 IPv4 地址中分别划分出一段,作为私有 IP 地址范围。它们分别是:

A 类私有地址:10.0.0.0~10.255.255.255;

B 类私有地址:172.16.0.0~172.31.255.255;

C 类私有地址:192.168.0.0~192.168.255.255。

这些私有地址不允许出现在 Internet 中的主机上,而是作为个人、机构的局域网内部主机的 IP 地址。通过 NAT(Network Address Translation,网络地址转换)技术,局域网内部主机可以与 Internet 中的主机通信。

3. IPv6 简介

IPv4 只有 4 个字节 32 个二进制位,最多可容纳 2^{32} 个 IPv4 地址。然而随着互联网与移动通信网络的结合,以及物联网的起步和发展,人们早已意识到,如果去掉 IPv4 中保留的特殊地址,IPv4 将很快无法满足网络设备数量的飞速增长。国际互联网名称和编号分配公司(ICANN)于当地时间 2011 年 2 月 3 日在美国迈阿密举行新闻发布会,宣告最后所剩的 5 组 IPv4 地址被分配给了全球五大区域互联网注册管理机构,至此,IPv4 地址全部分配完毕。2011 年 4 月 7 日,亚太互联网络信息中心(APNIC)主席 Paul Wilson 在北京表示,"目前,支撑全球互联网应用 30 年的 IPv4 地址池离枯竭点更近了一步……"

基于以上原因,人们早已开始设计新的 IP 地址,现在被普遍接受的新版 IP 地址格式称为 IPv6。

IPv6 是 Internet Protocol Version 6 的缩写,它是用于替代 IPv4 的下一代 IP 协议。IPv6 地址空间由 IPv4 的 32 位扩大到 128 位,2 的 128 次方形成了一个巨大的地址空间。一个 IPv6 的 IP 地址由 8 个地址节组成,每节包含 16 个地址位,以 4 个十六进制数书写,节与节之间用冒号分隔。

采用 IPv6 地址后,未来的移动电话、冰箱等信息家电都可以拥有自己的 IP 地址,完全可以满足未来互联网、移动互联网、物联网的发展需求。从 IPv4 更新到 IPv6,是一个浩大的系统工程,涉及网络硬件设备和相关软件协议的各个方面,需要政府、企业、研究机构和个人的协调和配合。

目前,通过 NAT、隧道等网络通信技术,缓解了 IPv4 地址资源不断减少的压力,但是从长远发展来看,有着巨大地址空间的 IPv6 地址,必定是未来发展的趋势。

5.2.3 域名和域名系统

在网络上识别一台计算机的方式是利用 IP 地址,但是一组 IP 地址数字很不容易记忆,因此,需要为网上的服务器取一个既有意义又容易记忆的名字,这个名字就叫域名(Domain Name)。

在全世界,没有重复的域名。域名的形式是由若干个英文字母或数字组成,由"."分隔成几部分,如 www.buct.edu.cn 就是一个域名。

1. 域名的结构

域名采用层次结构,每一层构成一个子域名,子域名之间用圆点隔开,自左至右分别为:计算机名、网络名、机构名、最高域名。Internet 域名系统是一个树状结构。

以机构区分的最高域名原来有 7 个:com(商业机构)、net(网络服务机构)、gov(政府机构)、mil(军事机构)、org(非盈利性组织)、edu(教育部门)、int(国际机构)。1997 年又新增 7 个最高级标准域名:firm(企业和公司)、store(商业企业)、web(从事与 Web 相关业务的实体)、arts(从事文化娱乐的实体)、rec(从事休闲娱乐业的实体)、info(从事信息服务业的实体)、nom(从事个人活动的个体、发布个人信息)。这些域名的注册服务由多家机构承担,CNNIC 也是注册机构之一。

以地域区分的最高域名有:cn(中国)、fr(法国)、tw(中国台湾)、us(美国)(一般可省略)等。

我国域名体系分为类别域名和行政区域名两套。类别域名有 6 个,分别依照申请机构的性质依次分为 ac(科研机构)、com(工、商、金融等专业)、edu(教育机构)、gov(政府部门)、net(互联网络、接入网络的信息中心和运行中心)、org(各种非盈利性的组织)。行政区域名是按照我国的各个行政区划分而成的,其划分标准依照国家技术监督局发布的国家标准而定,包括"行政区域名"34 个,适用于我国的各省、自治区、直辖市,如 bj(北京市)、sh(上海市)、js(江苏省)、hk(香港)等。

2. 域名的解析过程

所谓域名解析,是将域名转换为相应的 IP 地址的过程。

(1) 基本术语

DNS(Domain Name Service,域名服务):Internet 中最基础也是非常重要的一项服务,提供了网络访问中域名地址到 IP 地址的自动转换。

域名服务器:提供 DNS 服务的计算机。

解析:把一个域名地址转化为与其相对应的 IP 地址的过程。

(2) 解析过程

客户机提出域名解析请求,并将该请求发送给域名服务器。当域名服务器收到请求后,就先查询本地的缓存,如果有该记录项,则返回查询结果;若未找到记录,则再询问上一级域名服务器,直到找到为止。找到后,域名服务器把返回的结果保存到缓存,以备下一次使用,同时还将结果返回给客户机。

5.2.4 Internet 的接入

用户首先必须将自己的计算机接入 Internet 网,然后才能使用 Internet 上提供的各种服务和信息资源。随着技术的发展,接入 Internet 网的方式曾有 PSTN、ISDN 等,现在可选择的有 ADSL、DDN、光纤、HFC 几种。这里简要介绍现在可用的几种技术。

1. ADSL

ADSL(Asymmetrical Digital Subscriber Line,非对称数字用户环路)是一种能够通过普通电话线提供宽带数据业务的技术,成为继 Modem、ISDN 之后的又一种全新的、更快捷、更高效的接入方式。ADSL 这种方案的最大特点是不用改造信号传输线路,完全可以利用普通铜质电话线作为传输介质,只要配上专用的 Modem 即可实现数据高速传输。其有效的传输距离在 3~5 千米范围以内,而且距离愈远,速度愈慢。ADSL 支持上行速率 640kbps 到 1Mbps、下行速率 1Mbps 到 8Mbps。

2. DDN 专线

DDN 是英文 Digital Data Network 的缩写,这是随着数据通信业务发展而迅速发展起来的一种新型网络。

这种方式适合对带宽要求比较高的应用,有固定的 IP 地址、可靠的线路运行、永久的连接等,主要面向集团公司等需要综合运用的单位,它的特点也是速率比较高。但是,由于整个链路被企业独占,所以费用很高。

3. 光纤接入

光纤通信是利用光波在光纤中的传播来传送信息的。光纤,又称光导纤维,直径约

$100\mu m$,比头发还细。它的优点主要有：通信容量大、中继传输距离远。另外，光纤通信可以节省大量的铜和铅等金属，由于光纤是由玻璃制成的，不怕潮湿；光纤通信不受电磁干扰，可以在强电场环境下工作；光纤的抗腐蚀能力强，可以在有害气体环境下工作。

4. HFC 接入方式

HFC 网（光纤同轴电缆混合接入）是从有线电视（CATV）网发展起来的。有线电视网经过近年来的升级改造，正逐步从传统的同轴电缆网升级到以光纤为主干的双向 HFC 网。利用 HFC 网络大大提高了网络传输的可靠性、稳定性，而且扩展了网络传输带宽。HFC 数字通信系统通过电缆调制解调器（Cable Modem）系统实现 Internet 的高速接入。

5.3　网　络　应　用

随着技术的进步，网络中的应用也越来越丰富多彩。我们这里介绍几种最为基础的网络应用以及信息安全相关的基本知识。

5.3.1　基本网络应用

1. 电子邮件服务

电子邮件（E-mail）是 Internet 应用最广的服务，可以是文字、图像、声音等各种方式。正是由于电子邮件的使用简易、投递迅速、收费低廉，易于保存、全球畅通无阻，使得电子邮件被广泛地应用，它使人们的交流方式得到了极大的改变。

收发电子邮件的前提是，要拥有一个属于自己的"电子信箱"，也就是 E-mail 账号。可以向 ISP（Internet 服务提供商）申请，也可以在 Internet 网中申请一些免费的 E-mail 账号。有了 E-mail 账号和密码后就可以享用 Internet 上的邮件服务了。

电子邮件地址的典型格式是 username @ hostname，其中，username 是用户名，hostname 是提供电子邮件服务的服务商名称，如 zhangsan@mail. buct. edu. cn。

与电子邮件服务相关的网络协议有 POP3 协议和 SMTP 协议。

（1）POP3 协议

POP3（Post Office Protocol 3）即邮局协议的第 3 个版本，它是规定怎样将个人计算机连接到 Internet 的邮件服务器和下载电子邮件的电子协议，是因特网电子邮件的第一个离线协议标准。POP3 允许用户从服务器上把邮件存储到本地主机（即自己的计算机）上，同时删除保存在邮件服务器上的邮件（Foxmail、Outlook 等电子邮件客户端就是应用 POP3 协议实现了相应的功能），而 POP3 服务器则是遵循 POP3 协议的接收邮件服务器，用来接收电子邮件的。

（2）SMTP 协议

SMTP（Simple Mail Transfer Protocol）即简单邮件传输协议，是一组用于由源地址到目的地址传送邮件的规则,用来控制信件的中转方式。SMTP 协议属于 TCP/IP 协议族,它帮助每台计算机在发送或中转信件时找到下一个目的地。通过 SMTP 协议所指定的服务器,就可以把 E-mail 寄到收信人的服务器上了,整个过程只要几分钟。SMTP 服务器则是遵循 SMTP 协议的发送邮件服务器,用来发送或中转电子邮件。

2. 远程登录服务

分时系统允许多个用户同时使用一台计算机,为了保证系统的安全和记录方便,系统要求每个用户有单独的账号作为登录标识,系统还为每个用户指定了一个口令。用户在使用该系统之前要输入账号和口令,这个过程就叫"登录"。

传统的远程登录是指用户使用 Telnet 命令,使自己的计算机暂时成为远程主机的一个仿真终端的过程。但 Telnet 是不经过加密的数据传输,账号与密码均为明文传输,很不安全,如今已很少使用。目前广泛使用的远程登录是采用 SSH2 加密的 SSH 命令,安全性好,且经过加密的数据同时也起到了压缩的作用,占用网络资源更少,通信效率更高。SSH 的仿真终端等效于一个非智能的机器,它只负责把用户输入的每个字符传递给主机,再将主机输出的每个信息回显在屏幕上。

SSH 为 Secure Shell 的缩写,由 IETF(Internet Engineering Task Force)的网络小组(Network Working Group)所制定;SSH 是建立在应用层和传输层基础上的安全协议。SSH 是目前较可靠、专为远程登录会话和其他网络服务提供安全性的协议,是 TCP/IP 协议族中的一员。利用 SSH 协议可以有效防止远程管理过程中的信息泄露问题。

SSH 最初是 UNIX 系统上的一个程序,后来又迅速扩展到其他操作平台。SSH 在正确使用时可弥补网络中的漏洞。SSH 客户端适用于多种平台。几乎所有 UNIX 平台——包括 HP-UX、Linux、AIX、Solaris、Digital UNIX、Irix,以及其他平台,都可运行 SSH。

(1) 远程登录的条件

使用 SSH 协议进行远程登录时需要满足以下条件:

① 远程主机必须开启了 SSH 服务并开放了相应端口(默认为 22);

② 在自己的计算机上必须装有包含 SSH 协议的客户端程序;

③ 必须知道远程主机的 IP 地址或域名;

④ 必须知道登录标识与口令。

(2) SSH 远程登录的过程

SSH 远程登录分为以下 4 个过程:

① 本地与远程主机建立连接。该过程实际上是建立一个 TCP 连接,用户必须知道远程主机的 IP 地址或域名。

② 将本地终端上输入的用户名和口令及以后输入的任何命令或字符传送到远程主机。该过程实际上是从本地主机向远程主机发送 IP 数据报。

③ 将远程主机输出的数据转化为本地所接受的格式送回本地终端,包括输入命令回显和命令执行结果。

④ 本地终端对远程主机进行撤销连接。该过程是撤销一个 TCP 连接。

3. 文件传输服务

文件传输服务采用 FTP(File Transfer Protocol,文件传输协议)协议,FTP 是专门用来传输文件的协议。而 FTP 服务器,则是在互联网上提供存储空间的计算机,它们依照 FTP 协议提供服务。用户可以连接到 FTP 服务器下载文件,也可以将自己的文件上传到 FTP 服务器中。

在 FTP 使用过程中,经常遇到两个概念:"下载(Download)"和"上传(Upload)"。"下载"文件就是从远程提供 FTP 服务的计算机复制文件到自己的计算机;"上传"文件就是将文件从自己的计算机中复制到远程提供 FTP 服务的计算机上。

FTP 是一种实时的联机服务,在进行工作时先要登录到 FTP 服务器上。使用 FTP 几乎可以传送任何类型的文件,文本文件、二进制文件、图像文件、声音文件、数据压缩文件等。在 Internet 上许多提供 FTP 服务的计算机支持匿名(anonymous)文件传送服务,用户在登录时可以用 anonymous 作用户名,用自己的电子信箱地址作口令。也有的 FTP 服务器必须输入正确的用户名和密码才能使用。

像 Telnet 一样,FTP 协议也是用明文传输账号和密码的,存在安全隐患。相应地,有作为 SSH 一部分的 SFTP(Secure FTP)提供加密的 FTP 服务,但由于要经过加密解密,数据传输效率有所下降。

4. WWW 服务

WWW 是 World Wide Web(环球信息网)的缩写,也可以简称为 Web,中文名字为"万维网",是集文字、图形、图像、动画、音频、视频多种媒体为一体的超媒体,是互联网中无数网页通过超链接形成的一张巨大的网络。

支持 WWW 协议的服务器叫做 Web 服务器。其基本原理如下:

(1) Web 服务器运行,进入侦听状态;

(2) Web 浏览器与服务器建立连接并通过 HTTP 协议向服务器发送请求;

(3) Web 服务器做出应答,向 Web 浏览器发送相关数据;

(4) Web 服务器断开与 Web 浏览器的连接。

现在,Web 服务器成为 Internet 上最大的计算机群,Web 文档之多、链接的网络之广,令人难以想象。可以说,Web 为 Internet 的普及迈出了开创性的一步。下面对其相关的基本概念做以简要的介绍。

(1) 超文本

超文本是一种用于文本的信息组织形式。它使得单一的信息元素之间相互交叉"引用"。这种"引用"并不是通过复制来实现的,而是通过指向对方的地址字符串来指引用户获取相应的信息。这是一种非线性的信息组织形式。它使 Internet 成为真正为大多数人所接受的交互式的网络。

(2) 超媒体

早期的超文本的表现形式仅仅是文字的,这就是它被称为"文本"的原因,随着多媒体技术的发展,以及各种各样多媒体接口的引入,信息的表现方式扩展到视觉、听觉及触觉媒体。利用超文本形式组织起来的文件不再仅仅是文本,也可以是图形、图像、动画、音频、视频等多媒体形式的文件。由于把多媒体信息引入了超文本,这就产生了多媒体超文本,也即超媒体。

(3) HTML

在网上,如果要向全球范围内出版和发布信息,需要有一种能够被广泛理解的语言,即所有的计算机都能够理解的一种用于出版的"母语"。WWW(World Wide Web)所使用的出版语言就是 HTML 语言。HTML 是 Hypertext Markup Language(超文本标记语言)的缩写,它是构成 Web 页面的主要工具,是用来表示网上信息的符号标记语言。通过 HTML,将所需要表达的信息按某种规则写成 HTML 文件,通过专用的浏览器软件来识别,并将这些 HTML"翻译"成可以识别的信息,就是我们现在所见到的网页。

(4) URL 地址

URL(Uniform Resource Locator)即统一资源定位符,也就是通常所说的网址。URL 是在 Internet 的 WWW 服务程序上用于指定信息位置的表示方法,它指定了如 HTTP 或 FTP 等 Internet 协议,是唯一能够识别 Internet 上具体的计算机、目录或文件位置的命名约定。它从左到右由下述三个部分组成:

① 第一部分是协议(或称为服务方式);

② 第二部分是存有该资源的主机域名地址或者 IP 地址(有时也包括端口号);

③ 第三部分是主机资源的具体地址,如目录和文件名等。

第一部分和第二部分之间用":∥"符号隔开,第二部分和第三部分用"/"符号隔开。第一部分和第二部分是不可缺少的,第三部分有时可以省略。

例如 http://www. edu. cn/gai_kuang_1112/index. shtml,第一部分的协议是 HTTP;第二部分的域名地址是 www. edu. cn,是中国教育和科研计算机网的 Web 服务器的域名;第三部分的目录和文件是 gai_kuang_1112/index. shtml,是中国教育和科研计算机网站中的科研发展栏目。

(5) HTTP

HTTP 是 Hypertext Transfer Protocol 的简称,即超文本传输协议。在 TCP/IP 协议族中的一百多个协议中,HTTP 可以说是平常接触最多的一种协议了。因为日常浏览网页时所使用的浏览器,其基本的协议类型就是 HTTP。HTTP 是一个客户端/服务器协议,这里所说的服务器端是指提供 WWW 服务的主机,即各类 Web 站点等。而客户端是指运行各类浏览器(如 IE、Firefox、Chrome 等)或者下载工具的主机。

5. Internet 的信息检索功能

Internet 中的信息浩如烟海,它本身就是一个巨大的信息仓库,并且新的内容每时每刻都在加入进来。要想在 Internet 中又快又准确地找到所需的信息,就要用好 Internet 的信息检索功能。

(1) 信息检索的概念

广义概念指将信息按一定的方式组织和存储起来,并根据用户的需要找出有关的信息过程,故全称为"信息的存储与检索(Information Storage and Retrieval)"。

狭义概念指广义概念的后半部分,即从信息集合中找出所需要的信息的过程,相当于人们通常所说的信息查询(Information Search)。

信息检索可分为直接检索和间接检索。

直接检索——直接从信息源和文献载体中获取信息;

间接检索——通过信息检索工具或检索系统获取所需的信息。

计算机信息检索是指以计算机技术为手段,通过光盘、联机和网络等现代检索方式进行的信息检索。

(2) 常用搜索引擎简介

"搜索引擎"是 Internet 上查找准确信息的工具。引擎是英文 Engine 的音译词,代表发动机。搜索引擎是 Search Engine,意为信息查找的发动机。

① Google

Google 公司创建于 1998 年 9 月,创始人为 Larry Page 和 Sergey Brin,他们开发的 Google 搜索引擎屡获殊荣,是一个用来在互联网上搜索信息的简单快捷的工具。

Google 搜索引擎是全球最大的搜索引擎。Google 在对网站进行排名时不仅衡量关键词与页面的匹配度,也考虑外部链接。某个网站拥有越多的外部链接,说明它越受欢迎。

2006 年 4 月,Google 成立 Google 中国,将服务器置于北京,并为它取了一个中文名字"谷歌",是 Google 搜索唯一一个服务器设在美国以外地区的本地化版本。然而,2010 年 3 月,谷歌退出中国。

② 百度搜索引擎

百度(Baidu. com, Inc)于 1999 年底成立于美国硅谷,它的创建者是资深信息检索技术专家、超链分析专利的唯一持有人——百度总裁李彦宏,以及在硅谷有多年商界成功经验的百度执行副总裁徐勇博士。

百度搜索引擎使用了高性能的"网络蜘蛛"程序自动地在互联网中搜索信息,可定制、高扩展性的调度算法使得搜索器能在极短的时间内收集到最大数量的互联网信息。

客观上来说,百度搜索结果匹配度极高,很受网民欢迎。

③ 微软必应搜索引擎

2009 年 5 月 29 日,微软正式宣布推出全新中文搜索品牌"必应",打造全新的快乐搜索体验。

必应搜索除了和全球同步推出的搜索首页图片设计、崭新的搜索结果导航模式、创新的分类搜索和相关搜索用户体验模式、视频搜索结果无须单击直接预览播放、图片搜索结果无须翻页等功能外,还推出了专门针对中国用户需求而设计的必应地图搜索和公交换乘查询功能。同时,必应搜索中还融入了微软亚洲研究院的创新技术,增强了专门针对中国用户的搜索服务和快乐搜索体验。

5.3.2 信息安全

通过网络传输信息,信息的安全性至关重要。人们在保存自己的重要或私密财物时,通常使用锁和钥匙；另一方面，责任人在合同、协议、文件等文书上签下自己的名字，作用在于通过别人无法仿制的笔迹等，确认文书中的内容，并保证确认过程的真实性和不可否认性。基于传统的生活、信息交流的方式，人们在信息社会中，通过信息技术进行通信、确认信息时，也沿用了已有的概念和思路，即信息社会中的加密和数字签名。

1. 对称加密与非对称加密

（1）对称加密

通信双方要进行保密通信时，最简单的办法就是双方事先约定一个"密码"。发送方用"密码"将信息加密，然后发送即可。接收方收到密文后，用"密码"将密文解密，即可读取信息的明文。这里的"密码"，又叫做"密钥"。这种加密和解密使用相同密钥的加密方法，称为"对称加密"。

对称加密方法容易理解，简单易行。但是对称加密中，通信双方"约定密钥"的过程，以及密钥的传递和保管，也都存在严峻的安全问题。也就是说，通信双方在约定、传递、保管密钥时，存在如何保证不被第三方知晓的问题。此外，由于对称加密中通信双方使用相同的密钥，因而对于一段密文，无法确认是由哪一方加密，故不能保证加密过程的不可否认性。

（2）非对称加密

针对对称加密方法的局限性，20 世纪 70 年代以来，一些学者提出了公开密钥体制，即运用单向函数的数学原理，实现加/解密密钥的分离。这种方法中，加密密钥是公开的，解密密钥是保密的。由于加密密钥和解密密钥不同，这种方法被称为"非对称加密"。

非对称加密技术采用一对匹配的密钥进行加密、解密。两个密钥中，公开的那一个称为"公共密钥"，一般简称为"公钥"；保密的那一个称为"私人密钥"，一般简称为"私钥"。无论公钥还是私钥，只能执行对数据的单向处理。也就是说，用公钥（私钥）加密的数据，只能用私钥（公钥）解密。

为发送一份保密报文，发送者必须使用接收者的公钥对数据进行加密，一旦加密，只有接收方用其私钥才能解密。相反地，用户也能用自己的私钥对数据加密，然后公众可以用他的公钥解密数据。也就是说，密钥对的工作是可以任选方向的。可见，非对称加密方法中，只要通信各方保存好自己的私钥，即可实现数据的加密传送，而不必通信双方约定、传递相同的密钥。非对称加密的这种特性，也为"数字签名"提供了实现的基础。主要的非对称加密算法有 RSA、ElGamal、背包算法、Rabin、椭圆曲线加密算法等。

2. 数字签名

如果要一个用户用自己的私钥对数据进行加密，别人就可以用他提供的公钥对数据解密。由于仅仅拥有者本人知道他的私钥，这种被加密过的数据就形成了一种电子签名——一种别人无法产生的文件。这种机制，就是我们所说的"数字签名"。换句话说，由于只有信息的发送方拥有自己的私钥，通过私钥加密过的数据，具有发送方不可否认的特性，那么这种数字签名，也就具有了传统意义上手写签名的不可否认性。

然而，非对称加密方法只是保证了数据的安全性和不可否认性，但是对于原始数据是否被破坏、篡改过，它还无法完全保证，这就需要数字摘要来辅助做这方面的工作。

简单说来，数字摘要就是通过 Hash 函数（又称哈希函数、摘要函数、散列函数），将原始数据处理成定长的摘要数据。Hash 函数的特点，首先在于它是单向的，也就是说，无法通过得到的摘要数据推算出原始数据。其次，不同的原始数据，通过 Hash 函数得到的摘要数据一定是不同的（即使理论上可能相同，实际应用中的概率也小到可以忽略），即使原始数据只有一个二进制位的变化，其结果的摘要数据也大不相同。可见，通过把原始数据的数字摘要与加密后的原始数据一同发送给接收方，接收方就可以用相同的 Hash 函数计算收到的解密后的数据的数字摘要，再将计算结果与收到的数字摘要比较，以此来验证收到的数据是否被中途破坏或篡改。常见的 Hash 算法有 SHA1、MD4、MD5、RIPEMD 等。

非对称加密算法结合数字摘要，有时再结合对称加密算法，即可构成真正的数字签名了。具体来说，数字签名的作用在于：接收方用于确认发送方的真实身份；发送方事后无法否认发送过该数据；接收方或非法者无法伪造、篡改数据。

下面是一个较为典型的数字签名通信的过程，供读者参考：

第一步，发送方首先用 Hash 函数对原文件生成数字摘要。

第二步，发送方用自己的私钥对数字摘要进行加密来形成发送方的数字签名。

第三步，将第二步生成的数字签名附在原文件后，然后用一个对称密钥将带有数字签名的原文件加密，生成签名文件。

第四步，用接收方的公钥给对称密钥加密，然后把加密后的密钥文件（称为"数字信封"）以及签名文件发送给接收方。

第五步，接收方用自己的私钥对密钥密文解密，得到对称密钥。

第六步，接收方用对称密钥对原文件密文进行解密，同时得到原文件的数字签名。

第七步，接收方用发送方的公钥对数字签名解密，得到数字签名的数字摘要。

第八步，接收方用 Hash 函数对得到的原文件重新计算数字摘要，并与解密所得的数字摘要进行对比。

图 5-17 说明了这一过程。其中，A 为发送方，B 为接收方，Key 为对称密钥。Priv_Key(A)、Priv_Key(B) 分别为 A 和 B 的私钥，Pub_Key(A)、Pub_Key(B) 分别为 A 和 B 的公钥。

总之，非对称加密技术和数字摘要相结合，构成了数字签名机制，同时保证了数字信息的安全性和不可否认性，在数字世界中实现了传统世界中手工签名的效果。

3. 数字证书

公钥、密钥、数字摘要算法等信息，可以由软件实现自动的计算。除此以外，个人、企业、机构等，要想顺利地开展业务，也经常会用到自己的"数字身份证"，就像现实中的个人、企业和机构要有各种证件、公章等，他们在数字世界开展业务，也要有数字化的证件、公章、签名，这就是数字证书。

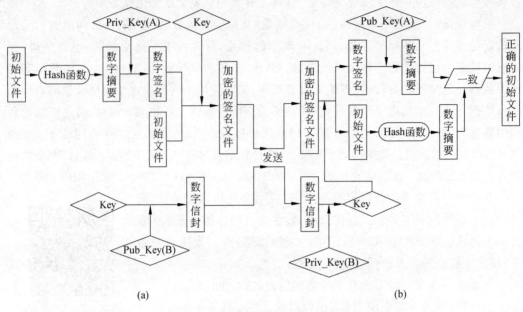

图 5-17　典型的数字通信过程

（1）数字证书

数字证书也叫数字凭证、数字标识（Digital Certificate，Digital ID），是一个经证书管理机构数字签名的数字信息文件，它提供了一种在 Internet 上进行身份验证的方式，作为网上交易双方真实身份证明的依据。数字证书可以用于发送安全电子邮件、访问安全站点、网上证券交易、网上采购招标、网上办公、网上保险、网上税务、网上签约和网上资金转账和网上银行等安全电子事务处理和安全电子交易活动。

数字证书的内容主要包括：证书拥有者的名称、证书拥有者的公钥、公钥的有效期、证书的序列号、证书的版本信息、证书发行机构的名称、证书发行机构的数字签名。

（2）证书管理机构

所有的数字证书都要由可信的第三方来进行管理，即证书管理机构（Certificate Authority，CA）。它是由大型用户群体（如政府机关或金融机构）所信赖的第三方来担任，通常是企业性的服务机构。它的主要职责是处理数字证书的注册申请、审批、发放、撤销、验证工作以及数据库备份、保证证书和密钥服务器的安全等。CA 通过向电子商务各参与方发放数字证书，来确认各方的身份，保证在互联网及内部网上传送数据及网上支付的安全。

（3）数字证书的类型

数字证书常见的类型有：

① 个人数字证书。主要有个人身份证书和个人安全电子邮件证书两种。它为个人用户提供网上身份凭证，一般安装在浏览器上，用于网上安全交易操作，访问需要客户验证安全的站点，发送带签名的 E-mail 等。

② 单位数字证书。主要有企业身份证书、企业安全电子邮件证书和单位（服务器）数

字证书三种。它用于为拥有 Web 服务器的企业提供凭证,以便进行安全电子交易;开启服务器 SSL 安全通道,使用户和服务器之间的数据以加密的形式进行传送;要求客户出示个人证书,保证服务器不被未授权的用户入侵。

③ 信用卡身份证书。它代表信用卡交易中个人或单位信用卡持有者的身份,保证网上信用卡支付的安全。

④ 软件(或开发者)数字证书。为软件提供凭证,以证明软件的合法性,这样可以在 Internet 上安全地传送。

⑤ CA 证书。用于证明 CA 身份和 CA 的签名秘钥。

4. 计算机病毒

计算机病毒是一段人为编制的、寄生于计算机合法程序或系统文件中的、可自我执行、具有传染性、以自我表现或破坏计算机系统正常工作为目的的程序。

20 世纪 40 年代末期,计算机的先驱者冯·诺依曼在一篇论文中提出了计算机程序能够在内存中自我复制的观点,这种观点即已把病毒程序的轮廓勾勒出来。到了 20 世纪 70 年代,一位作家在一部科幻小说中构思出了世界上第一个"计算机病毒",一种能够自我复制、可以从一台计算机传染到另一台计算机、利用通信渠道进行传播的计算机程序。这实际上是计算机病毒的思想基础。

1987 年 10 月,世界上第一例计算机病毒(Brain)被发现,计算机病毒由幻想变成了现实。随后,其他病毒也相继出现。1988 年,各种病毒开始大肆流行。

计算机病毒的来源一般有以下几个方面:专业人员或业余爱好者为了显示个人的编程技巧或出于恶作剧心理制造出来的病毒;软件开发者为了惩罚盗版者,在自己的软件中暗藏的病毒程序;出于研究目的而编写的程序却产生了意外的结果;以攻击和破坏为目的而专门编制的病毒。

随着网络的发展,木马病毒越来越常见,简称木马。木马这个名字来源于特洛伊战争中木马计的故事。木马病毒与一般的病毒不同,它不会自我繁殖,也并不"刻意"地去感染其他文件。它通过将自身伪装吸引用户下载执行,隐藏于被感染计算机中,可以窃取账号、密码,或向攻击者提供打开被种者电脑的门户,使攻击者可以任意毁坏、窃取被感染计算机中的文件,甚至远程操控被感染计算机。

在网络时代还有一种新型病毒,称为"蠕虫病毒"。这种病毒是在传统病毒基础上,以网络为主要传播途径的病毒。蠕虫病毒会自动探测与本机联网的其他计算机,并通过特定的网络端口进行传播,就像蠕虫在网络中慢慢爬行、扩散,故而得名。

计算机病毒主要有以下特点:

(1) 传染性。传染性是病毒的基本特征,也是判别一段程序是否为计算机病毒的最重要条件。计算机一旦感染病毒,如不及时处理,病毒就会迅速扩散,大量文件被感染,而被感染的文件又成为新的传染源。病毒会通过各种渠道(如软盘、U 盘、网络)从已被感染的计算机扩散到未被感染的计算机上。

(2) 隐蔽性。病毒代码一般都很短小以利于隐藏。它的存在、传染和对数据的破坏过程都不易被操作人员觉察,同时又难以预料,发作后电脑仍能"正常"运行,让人感觉不到异常。

（3）潜伏性。大部分病毒感染后不马上发作，而是隐藏起来，在满足其特定条件后才发作。

（4）破坏性。任何病毒发作后都会对系统产生不同程度的影响。轻者降低计算机的运行速度，重者导致系统崩溃。

（5）寄生性。病毒不是独立存在而是嵌入在宿主程序中，只有宿主程序被执行时病毒才有机会发作。

（6）触发性。病毒的发作一般都有一个或几个激发条件，如特定的日期、时间等。

有时计算机中了病毒却仍能"正常"运行，但多少会表现出一些症状来，如：计算机反应迟钝、运行速度变慢、打开或关闭窗口比较费劲、打开或保存文件要比平常花更多的时间、自己重新启动、经常死机、屏幕上出现莫名其妙的信息，还有其他一些异常的现象等。

病毒的防治工作应从管理和技术两方面入手。注意做好以下几个方面的工作：不使用盗版软件；对计算机有严格的使用权限；定期进行数据备份；软盘、U 盘等存储介质要写保护；给系统打补丁；从网络上下载文件要慎重，不轻易打开来历不明的电子邮件（特别是附件部分）；安装病毒防火墙；使用正版杀毒软件，及时升级杀毒软件，定期查毒；拷入文件前先查毒，发现病毒后立即杀灭，以防扩散。

5. 防火墙技术

企业内部网 Intranet 与外界的 Internet 连接后，方便了企业内部与外界的信息交流，但同时也产生了不安全因素。为了实现既要与外界沟通，又保护内部信息的安全，需要在内部网与外部网之间设置一道屏障，以防止任何不可预测的、潜在性破坏的入侵，所有内部网和外部网之间的链接都要经过这一保护层。这一保护屏障就称为防火墙。图 5-18 是防火墙示意图。

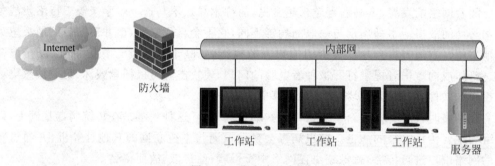

图 5-18　防火墙示意图

防火墙主要有以下几个方面的作用：

（1）过滤不安全服务。防火墙只允许特定的服务通过，其余信息流一概不许通过。从而保护网络免受任何不良企图的攻击。

（2）过滤非法用户和访问特殊站点。使用授权控制，确保所有用户都是授权访问。

（3）设置安全和审计检查。对所有访问操作进行审计，以便安全管理和责任追究。

（4）数据源控制。使用过滤模块来检查数据包的来源和目的地址。

（5）部署 NAT（Network Address Translation，网络地址转换）的地点。利用 NAT 技术，将有限的 IP 地址动态或静态地与内部的 IP 地址对应起来，缓解地址空间短缺的问题。

（6）设置停火区。即设置一个独立网段，从物理上和内网隔开，并在此部署 WWW 服务器作为向外发布信息的地点。

（7）反欺骗。欺骗是从外部获取网络访问权的常用手段，它使数据包好像来自网络内部，防火墙能监视这样的数据包并将它丢弃。

（8）入侵检测。检测可疑活动并做出回应。

然而，防火墙也具有以下局限性：

（1）不能防范来自内部的攻击。因此，安装了防火墙后，主机安全仍然需要引起重视。

（2）不能防范不经过防火墙的攻击。防火墙能够有效地防止通过它进行传输的信息，然而不能防止不通过它而传输的信息。

（3）不能防备所有的威胁。防火墙被用来防备已知的威胁，但没有一个防火墙能自动防御所有新的威胁。

（4）不能有效地防范病毒的攻击。

对于企业网络等安全性要求较高的局域网络来说，一般会配备专门的硬件防火墙，而对于今天经常连接在网络上的个人用户来说，以安装在操作系统中的软件形式存在的软件防火墙则是不可或缺的。网络防火墙主要是通过屏蔽网络端口、过滤网络流量实现内外网之间的隔离或有限的通信，对于通过盗版软件、染有病毒的优盘等途径感染的病毒是无能为力的。

信息安全问题将伴随着整个信息社会的发展而存在。随着信息技术的不断发展和创新，会不断出现新的信息安全问题，而相关的研究部门和人员也在紧跟技术发展的步伐，随时准备解决新的问题。

习 题 5

1. 计算机网络的发展可以划分成几个阶段？每个阶段的特点是什么？
2. 计算机网络的功能主要体现在哪几个方面？
3. 组成计算机网络的常用网络硬件有哪些？各自的作用是什么？
4. 什么是网络协议？
5. 什么是 TCP/IP 协议？
6. TCP/IP 协议的特点是什么？TCP/IP 协议的作用有哪些？
7. 什么是网络体系结构？OSI 参考模型分几层？每层的作用是什么？
8. 什么是计算机网络的拓扑结构？常用的拓扑结构有哪几种？
9. 从网络规模和计算机之间的距离来看，计算机网络如何分类？
10. Internet 提供的服务主要有哪些？

11. 什么是 IP 地址？如何分类？

12. C 类 IP 地址共包含多少网络？一个 C 类网络能容纳多少台主机？

13. 什么是域名？什么是 DNS？

14. IPv6 与 IPv4 的区别是什么？

15. 什么是对称加密？什么是非对称加密？数字签名使用的是哪一种加密？

16. 什么是数字证书？数字证书包括哪些内容？数字证书有什么作用？数字证书有哪些常见的类型？

17. CA 机构有什么作用？给出几个常见的 CA 机构的名称。

18. 什么是计算机病毒？计算机病毒是如何分类的？主要传染途径是什么？如何防范计算机病毒？

19. 什么是防火墙？它由哪些部分组成？有哪些类型？有什么作用？有什么局限性？

参 考 文 献

[1] 王达. 深入理解计算机网络[M]. 北京：中国水利水电出版社,2017.

[2] 郑化浦. 计算机网络技术实用宝典[M]. 3 版. 北京：中国铁道出版社,2016.

[3] 桑坦鲍姆·韦瑟罗尔. 计算机网络[M]. 5 版. 严伟,潘爱民,译. 北京：清华大学出版社,2012.

[4] 库罗斯·罗斯. 计算机网络：自顶向下方法[M]. 6 版. 陈鸣,译. 北京：机械工业出版社,2014.

[5] 卡鲁曼希. 计算机网络基础教程：基本概念及经典问题解析[M]. 许昱玮,译. 北京：机械工业出版社,2016.

[6] 斯托林斯·布朗. 计算机安全：原理与实践[M]. 3 版. 贾春福,译. 北京：机械工业出版社,2016.

[7] 斯托林斯. 网络安全基础：应用与标准[M]. 5 版. 白国强,等,译. 北京：清华大学出版社,2014.

[8] 雅各布森. 网络安全基础——网络攻防、协议与安全[M]. 仰礼友,译. 北京：电子工业出版社,2016.

[9] 斯托林斯. 密码编码学与网络安全：原理与实践[M]. 6 版. 唐明,李莉,杜瑞颖,等,译. 北京：电子工业出版社,2015.

第**6**章

计算机程序

6.1 问题求解与程序设计

计算思维是人类分析和解决问题的基本能力,是计算机学科培养的重要环节。计算思维的重要体现是问题求解的思维规律和方法,而程序设计是计算思维的重要载体,程序设计过程正反映了问题求解过程,也是提高人们计算机知识水平的重要一环。

6.1.1 基本概念

众所周知,计算机是人类发明的一种自动机器,用以辅助人们更高效地完成各类工作。但要使计算机真正能够按照人们的意志进行计算,并为人类解决问题,人们就迫切地需要同计算机交流,向计算机传达指令,使计算机能够理解人类的意愿。人类是通过使用程序设计语言编写出程序来指示计算机行动的。人类使用程序设计语言描述关于问题解决方法的过程就是程序设计的过程,而这一过程得到的结果就是程序。

6.1.2 程序的本质

通常要用计算机来解决一个问题,需要考虑两方面的问题,即:①问题的对象是什么,这是实体部分;②对于实体需要进行什么样的处理,这是操作部分。对于任何复杂的问题,这两个方面都足以概括其中的关键信息。

瑞士籍计算机科学家沃斯(Nicklaus·Wirth)提出的著名公式"算法+数据结构=程序",很好地说明了这一点,其中:数据结构就是问题的实体部分,用于描述数据以及数据间的关系。算法就是问题的操作部分,是解决问题的方法和步骤。

这个公式深刻说明了程序的本质,描述了程序的精髓。它对计算机科学的影响程度足以类似物理学中爱因斯坦的"$E=mC^2$"。

为了更完整地说明程序的构成,我们通常将上述公式扩充成如下的形式:

$$程序=算法+数据结构+语言工具和环境+程序设计方法$$

这里增加了描述问题对象和操作所需要的工具和方法,即语言工具和环境、程序设计方法。其中,前者指程序设计所采用的工具,后者则是编写程序所需要采取的合适的方法。

因此,程序设计的过程就是借助一些开发环境和工具,描述问题的对象,并构造解决问题的算法,最终按照一定的方法将其解释为程序设计语言的过程。这四个方面的问题我们将在后面的小节中分别介绍。

6.2　程序设计语言和开发环境

程序设计语言与人类生活工作中所使用的、随着人类社会的发展进步逐渐形成的自然语言不同,程序设计语言完全是一类人造的语言,是人与计算机打交道时交流信息的一类媒介和工具。

6.2.1　程序设计语言的发展

1. 机器语言

在计算机刚刚诞生后的一段时间里,人们还没有找到与计算机交流的更简单的方法,只能使用计算机的语言来描述程序,而计算机所能直接接受的只是"0""1"这样的二进制信息,因此,机器语言就这样诞生了。简单讲,机器语言就是用二进制代码表示的计算机能直接识别和执行的一种机器指令的集合。

由于计算机的指令系统依赖于特定的硬件,因此用机器语言所书写的程序也只能用于特定的计算机,而无法在不同机器之间通用。同时,二进制序列串没有丝毫形象的意义,程序的可读性极差,给程序员的书写也带来极大的困难。此外,用机器语言编写程序极易出错,并且即使知道其中有错误也很难辨认和改正。

2. 汇编语言

20 世纪 50 年代,为了解决机器语言编写程序困难的问题,美国数学家 Grace Hoper 发明了一种用助记符号来代替二进制序列表示特定功能的方法。通过大量助记符的引入,程序员的程序设计工作得到了一定程度的简化,这种表示方法被称为符号语言。

用符号语言书写的程序,计算机不能直接执行,因为计算机所能理解的仍然是二进制。因此需要用一种特定的程序即"汇编程序"对用符号语言书写的程序进行加工,将其重新翻译成机器语言的形式,即目标程序,然后才能在计算机上使用。因此,人们更多地将符号语言称为汇编语言。

汇编语言相对于机器语言虽然更加直观,便于记忆,但是它仍然是面向机器的语言,使用起来还是比较烦琐费时的,通用性也差。但是,汇编语言有其特别的优势,就是在编写系统软件时目标程序占用空间较少,运行速度较快,是高级语言无法比拟的。

3. 高级语言

为了解决机器语言和汇编语言面向机器的不足,各种类型的高级语言陆续产生了。它们屏蔽了机器的细节,提高了语言的抽象层次,使得高级语言所编写的程序具有了很好的通用性和可移植性,是面向用户的语言。

更重要的是,高级语言是一种与自然语言相近并为计算机所接受和执行的语言,它吸纳了很多自然语言的特点,使得程序设计工作更加方便、简单。程序员可以越来越多地将精力集中到应用程序上,而不是计算机的复杂性上。常见的高级语言有 BASIC、FORTRAN、Pascal、C/C++、Java、.NET 系列等。

与汇编语言编写的程序类似,高级语言所编写的非机器语言程序也不能直接为计算机接收和执行,仍然需要通过翻译程序将高级语言源程序翻译成机器语言形式的目标程序,计算机才能够识别和执行。但与汇编程序不同的是,高级语言的翻译通常有两种方式:编译方式和解释方式。简单地讲,编译方式是使用编译程序将源程序进行整体的翻译,形成完整的机器语言形式的目标程序,让计算机执行。而解释方式则恰好相反,是使用解释程序将源程序中的语句逐句扫描逐句翻译执行,并不产生目标程序。

4. 自然语言

高级语言是一种接近自然语言的语言,但它始终不是自然语言。如果能够使用自然语言进行程序设计,与计算机进行直接的交流,计算机将给人类带来更多、更加难以置信的方便。

但是,使用自然语言编写程序只能是一种理想的情况。这要求人们的翻译程序相当先进,自然语言理解的技术发展到相当的程度,此外还需要一系列相关技术的发展,其难度可想而知。但尽管如此,历史的发展绝对不会阻止程序设计语言向着这个方向迈进。

6.2.2 集成开发环境

要采用的程序设计语言确定以后,如何使用某种语言写出代码,并调试程序直至得出运行结果呢? 不妨从实践的角度来分析一下程序调试的流程,通常包含如下的步骤。

1. 编辑

编辑的过程指用程序设计语言写出源代码的过程。一些常用的编辑软件如记事本、Microsoft Word 等都可以完成这一功能。

2. 编译

对程序进行编译是将源程序翻译成机器能够识别的目标程序的过程。这一过程必须借助一些专门的编译程序(编译器)来完成。

3. 连接

简单地讲,连接过程是将不同的模块连接成一个完整模块的过程。假如一个程序包含多个文件,在分别对每个源程序进行编译并得到多个目标程序后,要把这些目标程序连接起来,同时还要和系统提供的资源(通常是一些库函数)连接为一个整体。不论是将多个目标程序连接在一起,还是将目标程序和系统提供的一些资源连接为一个整体,都是通过连接程序(连接器)来完成的,即将所有这些内容连接形成一个完整的可执行程序的过程。

4. 执行

一个程序经过了编辑、编译、连接过程,就得到了可执行程序,从而可以执行了。人们可以在命令行方式下输入文件名,按回车键执行该程序。也可以在 Windows 环境中,双击该可执行程序使其运行。

上述编辑、编译、连接直至执行的过程可用如图 6-1 所示的程序调试流程来描述。

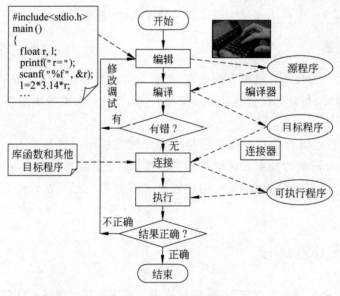

图 6-1　程序调试流程

这一过程最初是分别进行的,即要完成一个程序的调试,必须首先找到相应的编辑、编译和连接工具,依次进行编辑、编译和连接,得到可执行程序,从而进一步执行程序得到最终的结果。如果在这一过程中的任何一个步骤发现问题,则需要进行修改并重复相应步骤。

可见,由于人们必须分散地使用各个工具,这使得整个程序调试流程相当繁杂。有没有更简单的方法呢? 很快,人们就找到了将上述步骤针对不同的语言集成起来的方法,于是就形成了集成开发环境(Integrated Development Environment,IDE)。所谓集成开发环境就是集源程序编辑、编译、连接、运行和调试于一体、用菜单驱动的集成化的软件开发工具。

类似的功能被不同的厂商集成在一个完整的工具中,就形成了不同的集成开发环境。集成开发环境也经历了不同的发展阶段:比较常用的如早期的基于 DOS 的环境,以及目前应用比较广泛的基于 Windows 的环境等。现如今,集成环境日益复杂,功能也日益强大起来。

常见的集成开发环境名称、厂商以及支持的语言如表 6-1 所示。

表 6-1 程序设计集成开发环境

厂 商	集成开发环境名称	支 持 语 言	支 持 环 境
Borland	Turbo C 2.0	C	DOS
	Turbo C 3.0	C++	DOS
	Borland C 3.1	C++	DOS
	C++ Builder	C++	Windows
	Delphi	Object Pascal	Windows
	JBuilder	Java	Windows
Microsoft	Microsoft C	C	DOS
	Visual C++	C++	Windows
	Visual Basic	Basic	Windows
	Visual J++	Java	Windows
	.NET 系列	C#,C++	Windows
Sybase	PowerBuilder	Power Script	Windows

6.3 算   法

6.3.1 算法的概念

算法,简单地说,就是解决问题的步骤。

在日常生活中做任何一件事情,都是按照一定步骤进行的。比如在工厂中生产一部机器,先把零件按一道道工序进行加工,然后又把各种零件按一定法则组装成一部完整机器,它们的工艺流程就是组装一台机器的步骤;在高校中要对学生学习成绩进行评估通常需要计算 GPA,即首先收集每个学生一学期的成绩,分别转换成相应的绩点,然后按照每门课的绩点和学分求加权平均值,这一过程就是学校计算学生 GPA 的方法。

同样地,用计算机解决问题也有相应的方法和步骤。计算机解决问题的方法和步骤就是计算机的算法。

计算机用于解决数值计算问题,如科学计算中的数值积分、解线性方程等的计算方法,就是数值计算的算法;用于解决非数值计算问题如用于管理、文字处理、图像图形等的排序、分类以及查找的方法,就是非数值计算的算法。由于每个算法都是由一系列操作所组成的,所以研究算法的目的就是研究怎样把各种类型问题的求解过程分解成一些基本的操作。

下面通过两个简单的例子来说明算法的概念:

例 6.1 有牛奶和豆浆两个瓶子,但却错把豆浆装进了牛奶瓶,把牛奶装进了豆浆瓶中,现在要将两者交换过来。

算法分析:这是一个非数值运算问题。由于两个瓶子中所装的物品不能直接交换,所以,解决的关键是需要第三个容器。假设取一个空的酒瓶作为第三个容器,其交换步骤如下:

(1) 将牛奶瓶中的豆浆装进空的酒瓶中;

(2) 将豆浆瓶中的牛奶装进牛奶瓶中;

(3) 将酒瓶中的豆浆装进豆浆瓶中;

(4) 交换结束。

例 6.2 给定两个正整数 m 和 $n(m \geqslant n)$,求它们的最大公约数。

算法分析:这是一个数值运算问题,它有成熟的算法,我国数学家秦九韶在《九章算书》一书中曾记载了这个算法——更相减损术,即辗转相减法。其简化算法可以描述如下:

(1) 输入原始数据 m 和 n,分别表示所给定的两个正整数。

(2) 当 $m \neq n$ 时,顺序执行第(3)步;反之,转到第(5)步。

(3) 若 $m > n$,则 $m = m - n$;否则 $n = n - m$。

(4) 返回第(2)步。

(5) 输出结果:所求最大公约数为 m。

可见,算法并不给出问题的精确解,只是说明怎样才能得到解。严格来讲,算法是计算机为了解决某一问题而设计的有限的、可执行的、确定的、明确的规则。

一个算法应该具有以下 5 个重要的特征:

有穷性:一个算法必须保证执行有限步之后结束。

确切性:算法的每一步骤必须有确切的定义。

输入:一个算法有 0 个或多个输入,以刻画运算对象的初始情况。

输出:一个算法有一个或多个输出,以反映对输入数据加工后的结果。没有输出的算法是毫无意义的。

可行性:算法中的每一步操作都必须是可执行的,也就是说算法中的每一步都能通过手工或机器在有限时间内完成。

算法写好后,要检查其正确性和完整性,然后才能根据算法编写出用某种高级语言表示的程序。可见,程序设计的关键就在于设计出一个好的算法,算法是程序设计的核心和精髓。

6.3.2 算法的描述

描述算法有多种不同的工具,如自然语言、计算机程序设计语言、流程图、N-S图、伪代码语言等。采用不同的算法描述工具对算法的质量有很大的影响。这里简单介绍几种常用的描述方法。

1. 自然语言描述

用自然语言描述算法最大的优势就是通俗易懂,使用起来简单。人们可以根据自己的思路快速地将算法描述出来。但使用自然语言描述算法比较啰嗦,并且常常容易出现歧义性,不够严谨。因此这种描述方法多适用于不太正式的场合,类似打草稿的过程。

例6.1和例6.2的算法就是用自然语言描述的例子。

2. 流程图描述

流程图是算法的一种图形表示方法,主要通过一系列符号来表示特定的意义,从而描述算法从开始到结束的过程。常用的流程图符号如图6-2所示。

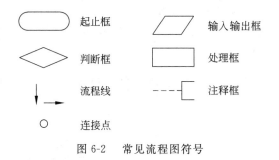

图6-2 常见流程图符号

起止框:表示算法的开始和结束。

判断框:框内填写判断条件,表示算法中的条件判断操作。在流程图中,判断框左右两边的流程线分别表示判断条件为真或假时的流程。有时就在其左、右流程线的上方分别标注"真""假"或"T""F"或"Y""N"。

输入、输出框:框内填写需输入或输出的各项,表示算法的输入输出操作。

流程线:表示算法的执行方向。

处理框:框内填写处理说明或算式,表示算法中的各种处理操作。

连接点:用于将放在不同地方的流程线连接起来,表示流程图的连接。

注释框:框内填写文字说明,表示算法中某操作的说明信息,并不反映算法流程和操作。

例6.2算法的流程图如图6-3所示。

可见,用流程图来描述算法简便直观。但最大的问题就是:用于指示流程方向的流程线过于灵活,对于一些复杂的问题,流程图将变得杂乱无绪。

为了解决这个问题,人们做了大量的设想。直到1996年,计算机科学家Bohm和

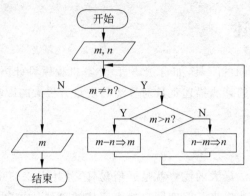

图 6-3　例 6.2 求最大公约数辗转相减法的流程图

Jacopini 证明了这样一个事实：任何简单或复杂的算法都可以由顺序结构、选择结构和循环结构这三种基本结构组合而成，才使得这一问题真正得到解决。

3. 三种基本结构

（1）顺序结构

顺序结构，如图 6-4 所示。其中 S1 和 S2 顺序执行，即执行完 S1 程序块指定操作后，必然接着执行 S2 程序块所指定的操作。顺序结构是最简单的一种基本结构。例 6.3 就是一个顺序结构程序设计的例子。

例 6.3　用户输入一个华氏温度，求摄氏温度并输出。二者转换公式为 $C=\dfrac{5}{9}(F-32)$。其流程图可以用图 6-5 来描述。

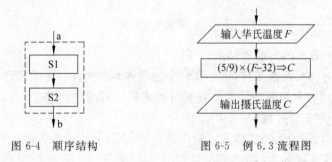

图 6-4　顺序结构　　　　　图 6-5　例 6.3 流程图

（2）分支结构

分支结构也称选择结构，指在程序执行过程中，可以根据不同的条件取值，选择不同的分支继续执行，如图 6-6 所示。其中，图 6-6(a)也称为双分支结构，表示在条件成立时，执行程序块 S1，否则执行程序块 S2。无论走哪一个分支，在执行完 S1、S2 程序块后，都将经过 b 点跳出分支结构。图 6-6(b)是一种特殊情况，称为单分支结构。表示条件成立时，执行程序块 S1，否则什么都不执行。下面的例子是一个典型的双分支结构。

例 6.4　判断一个百分制成绩，是否为合格。假设判断标准如下：如果成绩大于等于60，则成绩为合格；否则，成绩为不合格。

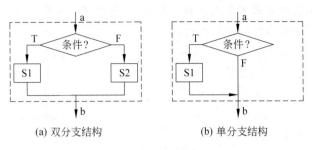

(a) 双分支结构　　　　　　(b) 单分支结构

图 6-6　分支结构

该问题的流程图可以用图 6-7 来描述。

（3）循环结构

　　循环结构也称重复结构，如图 6-8 所示。
表示根据特定的条件，从某处开始有规律地反
复执行某一程序块。图 6-8（a）表示的结构为
当型（While）循环结构，当给定的条件满足时
执行程序块 S1，然后继续判断条件，如果仍然
成立，则再执行 S1 块。如此反复，直到条件不
满足时，从 b 点跳出循环结构，结束循环。

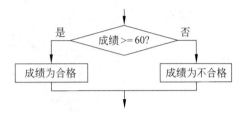

图 6-7　判断成绩是否为合格的流程图

图 6-8（b）表示直到型（Until）循环结构，它是首先执行程序块 S1，然后判断条件是否满
足：如果满足，则继续反复执行程序块 S1 直到给定的条件不再满足时，从 b 点跳出循环
结构，结束循环。

　　循环结构在日常生活中的例子很多。如用计算机记录全校学生的信息，由于全校学
生一定不止一个，而是很多个，所以该程序需要反复有规律地做这件记录学生信息的工
作，直到全部完成，其流程图如图 6-9 所示。

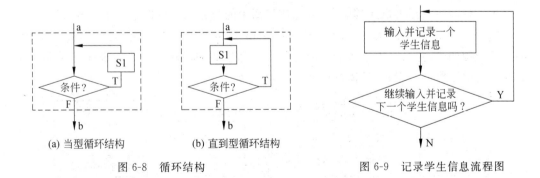

(a) 当型循环结构　　　　(b) 直到型循环结构

图 6-8　循环结构　　　　　　　　　图 6-9　记录学生信息流程图

以上三种基本结构都具有如下的共同特点：

（1）每个结构只有一个入口，一个出口。图 6-4、图 6-6 和图 6-8 中的 a 点为入口点，b
点为出口点。

（2）结构内每一部分都有机会执行。即每一部分都对应一条从入口到出口的路径。

（3）结构中不存在"死循环"（无终止的循环）。

将例 6.2 中算法的流程图重新绘制如图 6-10 所示,图中的三个虚线框示出了辗转相减法的流程图用三种基本结构描述的情形。

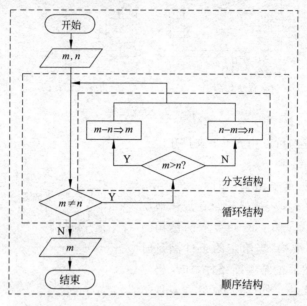

图 6-10 辗转相减法流程图用三种基本结构描述的情形

可见,引入三种基本结构后,问题的分析变得简单了。由于任何问题都可以表示成上述三种基本结构的形式,问题的流程图描述也变得清晰了。

4. N-S 图描述

三种基本结构的提出,很好地解决了流程图流程线自由转向的问题,将问题限制在了三种基本结构的形式上,使得任何复杂问题的流程图都可以概括到一种顺序结构中,从而可以用一种前后关系来描述其顺序,因此流程图中的流程线就可以退出历史舞台了。

1973 年美国学者 I. Nassi 和 B. Shneiderman 共同提出了 N-S 流程图,简称 N-S 图。在这种流程图中,完全去掉了带箭头的流程线。算法的描述通过一个个表示三种基本结构的嵌套的矩形框来完成,具体符号如图 6-11 所示。

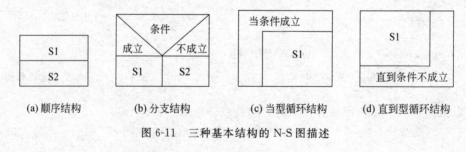

图 6-11 三种基本结构的 N-S 图描述

例 6.5 求最大公约数问题算法的 N-S 流程图如图 6-12 所示。

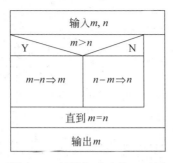

图 6-12　辗转相减法的 N-S 图

6.3.3　常用基本算法

前文已述,计算机解决问题的算法归纳起来分为两大类:数值运算算法和非数值运算算法。对于数值运算而言,由于所要解决的问题通常都是一些数学求解问题,这些问题的算法都已经比较成熟,因此学习的重点是深入理解和掌握它们,为程序设计打下基础。而非数值运算的算法涉及的内容非常广泛,其中除某些典型的应用如排序、检索等有比较成熟的算法外,相当一部分非数值运算的问题,需要设计者根据自己的经验,针对具体问题重新考虑。这些需要在学习程序设计的实践过程中慢慢理解和体会。

本节主要针对一些简单、常用的算法做一介绍。

1. 求和

在现实生活中,看看如下的问题如何处理:多个杯子中分别盛放了不同量的水,那么如何得到这些杯子里共有多少水呢?

找一个足够大的容器,把这个容器清空,然后将所有杯子中的水都倒入这个容器,最后测量出这个容器中的水量。

在程序设计中如果需要进行 100 个数据求和的处理,思路与上述问题完全类似。可以设计出如下过程:

(1)假设用 sum 表示求和结果,其初值为 0;

(2)读取一个需要累加的数据;

(3)将该数据累加到 sum 中;

(4)重复步骤(2)和(3),直到 100 个数据全部累加完成;

(5)输出累加和 sum。

显然,通过反复进行加运算,可以完成求和的过程。这里所用的 sum 就相当于盛水的容器,通常也称为累加器。使用累加器求和要得到最终正确的结果,就需要在累加之前将容器清空,即给 sum 一个初始值 0。

仔细分析不难发现,这个题目中还有一个很关键的问题就是,这个"反复加"的操作到底要加到什么时候结束呢? 这显然和 100 有关,加满 100 个数就可以结束了。

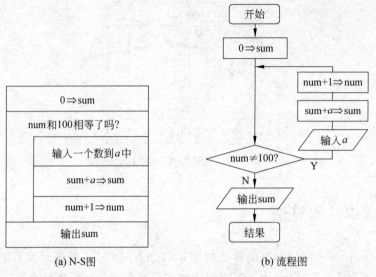

(a) N-S图 　　　　　　(b) 流程图

图 6-13　求和运算算法描述

为了描述方便,我们可以设一个 num 用于计数,初值为 0。完成一次加运算,num 的值增 1,直到加满了 100 个数,即 num 和 100 相等时,"反复加"的过程就可以停止了。这里的 num 我们就称之为计数器。因此,该算法的 N-S 图和流程图描述分别如图 6-13(a)和图 6-13(b)所示。

可以对该问题进行进一步的简化,将每次所加的数值变为有规律的数字,请思考如下问题的计算,并给出相应的 N-S 图:求 $S = 1 + 2 + 3 + \cdots + n$($n$ 由用户输入)。

2. 求阶乘

与上述求和的过程类似,还可以求若干个数的乘积,例如:求 n 的阶乘。

求 n 的阶乘是将 n 个有规律的数进行累乘的过程,即:$n! = n * (n-1) * (n-2) * \cdots * 2 * 1$,因此算法的设计可以参照求和算法,所不同的是这里不再是进行"反复加",而是进行"反复乘"。这就需要设定一个累乘器,初始值设定为 1。在反复累乘的过程中,每次乘进来的数值有规律地变动。可以设计出如下过程:

(1) 假设用 t 表示累乘结果,其初值为 1;

(2) 用 i 表示每次累乘的数值,初值为 0;

(3) 构造每次累乘的数据 $i+1 \Rightarrow i$;

(4) 将该数据 i 累乘到 t 中;

(5) 重复步骤(2)和(3),直到 $i = n$,即 n 个数据全部累乘完成;

(6) 输出最终结果 t,即 n 的阶乘。

算法的 N-S 图描述如图 6-14 所示。

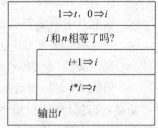

图 6-14　"求 n 的阶乘"算法的 N-S 图

3. 求最大（小）值

不妨从最简单的问题谈起，假设要求两个数中的最大（小）值。这个问题其实就是一个简单的分支结构问题，判断两个数的大小，即可得到问题的解。

若求 3 个或 3 个以上的数中的最大（小）值，则要稍微复杂了，但其基本方法是有规律可循的。这里以求三个数的最大值为例：

首先，假设用 A、B、C 表示三个数，用 MAX 表示最大值。

由于计算机一次只能比较两个数，首先将 A 与 B 进行比较，较大的数放入 MAX 中，再将 MAX 与 C 进行比较，仍把较大的数放入 MAX 中。显然，此时 MAX 表示的就是 A、B、C 三个数中最大的一个。将 MAX 输出，问题得解。其算法可以表示如下：

（1）输入 A、B、C。

（2）将 A 与 B 中较大的数放入 MAX 中。

（3）将 C 与 MAX 中较大的数放入 MAX 中。

（4）输出 MAX，MAX 即为最大值。

其中的（2）、（3）两步仍不明确，无法直接转化为程序语句，可以继续细化为：

（2）* 若 $A>B$，则 $A \Rightarrow$ MAX；否则 $B \Rightarrow$ MAX。

（3）* 若 $C>$ MAX，则 $C \Rightarrow$ MAX。

于是算法最后可以写成：

（1）输入 A，B，C。

（2）若 $A>B$，则 $A \Rightarrow$ MAX；否则 $B \Rightarrow$ MAX。

（3）若 $C>$ MAX，则 $C \Rightarrow$ MAX。

（4）输出 MAX，MAX 即为最大值。

上述算法可用图 6-15 的 N-S 图表示。

可见，求几个数中最大（小）值的一般做法就是先对其中两个数进行比较，将其中较大（小）的数暂时记录下来（如上例中的 MAX）。然后取一个新的数与 MAX 的值进行比较，仍将较大（小）的数记录在 MAX 中。以此类推，直到所有的数都比较完成，MAX 的值就是要找的最大（小）值。不难发现，这一过程是在有规律地反复做一件"比较"的事情，因此，我们完全可以采用循环结构来简化算法的描述。引入循环结构后对 $n(n \geqslant 2)$ 个数求最大值的算法 N-S 图如图 6-16 所示。

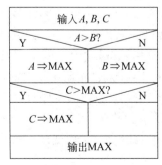

图 6-15 "求三个数中最大值"的 N-S 图

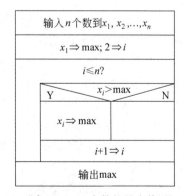

图 6-16 "求 $n(n \geqslant 2)$ 个数的最大值"的 N-S 图

4. 排序

排序是计算机程序设计中的一项重要操作,其功能是将一组数据按照特定的规则排成有序的序列。最简单的排序是对多个数据按照值的大小进行排序的过程。下面介绍其中几种常用的排序方法。

假设要对 5 个数按从小到大的方式进行排序。比较简单的一个方法就是利用前面求最小值的思想:首先找出 5 个数中的最小值,作为排序后的第一个值;然后找出其余 4 个数中的最小值,作为排序后的第二个值;以此类推,直到剩下最后一个数,这样就可以得到一个从小到大排列的有序队列了。这种排序方法是一种选择排序的思想。除了选择排序外,按照排序过程中结果序列生成的过程不同,还可以有交换法和插入法等。交换法,是指每次比较相邻的两个数,如果不符合顺序则交换,从而通过多次交换得到最后序列的方法。而插入法则是指依次扫描每个数据,每扫描到一个数据,就将其插入到合适的位置直至最后完成的一种方法。

不同的排序算法效率是不同的。这里先不考虑效率问题,只介绍一种效率虽然不高,但最简单也最常见的排序算法——冒泡排序法。冒泡排序法属于交换法排序的一种,其基本思想是:多次扫描待排序的数据,并将相邻两个数进行比较,较小(大)的数向前提,大数向后挪,直至排序完成。以对 8、6、9、7、2 按从小到大顺序排列为例,具体做法如图 6-17 所示。

原始数据	第一趟比较4次				第二趟比较3次			第三趟比较2次		第四趟比较1次	排序后的数据
8	8	6	6	6	6	6	6	6	6	2	2
6	6	8	8	8	8	7	7	7	2	6	6
9	9	9	9	7	7	8	8	2	7	7	7
7	7	7	7	9	2	2	2	8	8	8	8
2	2	2	2	2	9	9	9	9	9	9	9

图 6-17　冒泡排序示意图

首先对 8,6,9,7,2 五个原始数据进行第一趟扫描。在扫描过程中,依次比较相邻的两个数(图中用黑色阴影标记的数)。最先比较的是 8 和 6:由于 8 大于 6,因此将 8、6 交换,即 6 向上浮起,8 向下沉;然后比较 8 和 9:由于二者已经满足小数在前、大数在后的规则,因此顺序不变;同理,继续比较 9 和 7:7 向上浮起,9 向下沉;比较 9 和 2:2 向上浮起,9 向下沉。这一趟比较下来,5 个数中比较小的数 6、7、2 均向上提,而比较大的数 8、9 向下落,其中最大数 9 落到了最下面。因此通过一趟扫描比较,5 个数的排序过程变成了除 9 之外的 4 个数的排序过程。对其余的 4 个数继续从头扫描进行同样的相邻比较操作,仍然是小数向上提,大数向下落,又可以将次大数落到 9 的前面,从而变成 3 个数的排序过程,以此类推直到排序完成。

经过上面的分析可知,5 个数的排序过程共需从头扫描 4 趟。第一趟扫描的过程中比较了 4 次,第二趟比较了 3 次,第三趟 2 次,第四趟 1 次。因此,我们得到如下的规律:对 n 个数进行冒泡排序,共需扫描 $n-1$ 趟;如果把第几趟用 k 表示的话,每趟将比较 $n-k$ 次。

按照上面的分析,可以得到如图 6-18 所示的冒泡排序算法的 N-S 图。

可见,冒泡排序的过程就是小数不断向上冒,大数依次沉底的过程,就像水中升起水泡一样,由此得名冒泡排序。

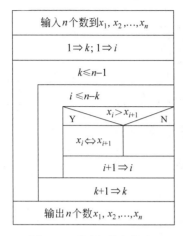

图 6-18 "冒泡排序算法"的 N-S 图

5. 查找

查找是数据处理中最常见的一种操作。所谓查找就是在数据集合中寻找满足某种条件的对象。查找通常有从无序序列中查找和从有序序列中查找等不同的情况。

（1）顺序查找

要在无序序列中查找一个目标,只能依次扫描序列中的每一个对象,直到扫描完最后一个对象或是找到满足条件的对象后,查找结束,这一过程称为顺序查找。例如:要从 37、11、14、2、7、6、25、9、8 数据序列中找到目标数据 6,其查找过程如图 6-19 所示。

（2）折半查找

如果数据序列有序,则可以按照一定的算法如折半查找的方法进行查找。其基本思想是:逐渐缩小目标对象可能存在的范围,直到找到或找不到该目标对象为止。其具体做法如下:首先测试中间元素的值,确定目标对象是在中间元素的左半区还是右半区,然后再到可能的半区重复上述过程,直到找到指定目标或者查找失败。仍以"从 37、11、14、2、7、6、25、9、8 数据序列中找到目标数据 6"为例,其查找过程如图 6-20 所示。

可见,前面介绍的排序本质上是为查找服务的。从有序队列中查找目标显然要方便、高效得多。

37	11	14	2	7	6	25	9	8	扫描数据序列,6 与 37 比较,37≠6
37	11	14	2	7	6	25	9	8	扫描数据序列,6 与 11 比较,11≠6
37	11	14	2	7	6	25	9	8	扫描数据序列,6 与 14 比较,14≠6
37	11	14	2	7	6	25	9	8	扫描数据序列,6 与 2 比较,2≠6
37	11	14	2	7	6	25	9	8	扫描数据序列,6 与 7 比较,7≠6
37	11	14	2	7	6	25	9	8	扫描数据序列,6 与 6 比较,6=6,查找结束

图 6-19 顺序查找过程

37	25	14	11	9	8	7	6	2	将数据从大到小排序

37	25	14	11	9	8	7	6	2	将目标数据6与中间元素9比较,6<9

9 8 7 6 2　　将查找范围缩小为原数据的右半区

9 8 7 6 2　　继续将目标数据6与中间元素7比较,6<7

7 6 2　　将查找范围缩小为上次数据的右半区

7 6 2　　继续将目标数据6与中间元素6比较,6=6,查找结束

图 6-20　折半查找过程

6.3.4　结构化算法应用实例

在了解基本算法概念的基础上,本节将结合几个具体的实例介绍几种程序设计中常用的结构化算法,为后续程序设计基本方法的介绍提供一些基础。

1. 判断某一年是否为闰年

闰年是为了弥补因人为历法规定造成的年度天数与地球实际公转周期的时间差而设立的,补上时间差的年份即为闰年。判定公历闰年遵循的一般规律为:四年一闰,百年不闰,四百年再闰。因此,判断一个年份是否为闰年可归纳为如下两个条件:

（1）能被 4 整除且不能被 100 整除的为闰年(如 2004 年就是闰年,1901 年不是闰年)。

（2）能被 400 整除的是闰年(如 2000 年是闰年,1900 年不是闰年)。

根据上述条件,判断某一个年份是否为闰年的算法 N-S 图如图 6-21 所示。

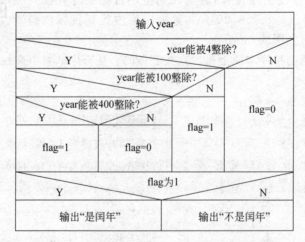

图 6-21　判断某一年是否为闰年的 N-S 图表示

2. 判断一个数 m 是否为素数

素数指在一个大于 1 的自然数中,除了 1 和此整数自身外,没法被其他自然数整除的数,素数是数论中很重要的概念。在实际应用中,常常需要程序自动判断一个数是否为素数。要判断一个数 m 是否为素数,只需遍历 $2 \sim m-1$ 之间的每一个自然数,判断如果这些数都不能整除 m,则 m 为素数,否则 m 就不是素数。算法的 N-S 图描述如图 6-22 所示。

事实上,上述算法可以简化为只需遍历 $2 \sim \sqrt{m}$,即只要这些数均不能被 m 整除,就可确定 m 为素数,而无须遍历到 $m-1$,从而简化程序,读者可在图 6-22 的基础上进行修改,画出简化后算法的 N-S 图。

3. 兔子繁殖问题

假设在第 1 个月时有一对小兔子,第 2 个月时成为大兔子,第 3 个月时成为老兔子,并生出一对小兔子(一对老,一对小)。第 4 个月时老兔子又生出一对小兔子,上个月的小兔子变成大兔子(一对老,一对大,一对小)。第 5 个月时上个月的大兔子成为老兔子,上个月的小兔子变成大兔子,两对老兔子生出两对小兔子(两对老,一对大,两对小)……这样,各月的兔子对数为:

月份:	1	2	3	4	5	6	7	8	9	…
兔子数目:	1	1	2	3	5	8	13	21	34	…

以此类推,每个月兔子的数目就形成了一个有规律递推的数列。即从第三个月开始,每个月的兔子数为前两个月兔子数之和。

这种数列在数学上我们也称之为 Fibonacci 数列。假设数列的前两项分别为 $F_1=1$、$F_2=1$,则我们可以通过一项项递推的方法推算出数列中第三项以后任意一项的值,即依次求出 $F_3=F_1+F_2$,$F_4=F_2+F_3$,…,$F_n=F_{n-2}+F_{n-1}$,直到任何指定的一项。

以"打印 Fibonacci 数列第 n 项"为例,给出本问题算法的 N-S 图描述如图 6-23 所示。

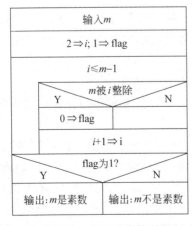

图 6-22 "判断 m 是否为素数"的 N-S 图

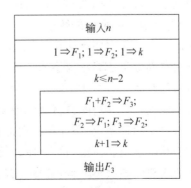

图 6-23 Fibonacci 数列算法的 N-S 图

4. 钞票换硬币

把一元钞票换成一分、二分、五分硬币(每种至少一枚),有哪些换法?

该问题显然是一个多解的问题,一分、二分和五分硬币的数目 x、y、z 可以有多种组合,并且各有各的取值范围,如 $1 \leqslant x \leqslant 100-2-5$,即 $1 \leqslant x \leqslant 93$;$1 \leqslant y \leqslant (100-1-5)/2$;即 $1 \leqslant y \leqslant 47$;$1 \leqslant z \leqslant (100-1-2)/5$,即 $1 \leqslant z \leqslant 19$。问题的解需要在这一范围内搜索。同时又受到一个约束条件的限制,即总共 1 元钱,用数学表达式描述为:$x+y+z=100$。

针对这样的问题,在程序设计中通常采用穷举的方法,并利用限制条件进行筛选。该问题的 N-S 算法描述如图 6-24 所示。

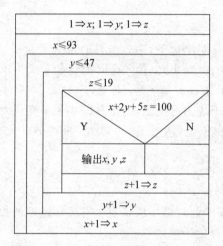

图 6-24　一元钞票换硬币问题的 N-S 图

6.3.5　算法的评价

前文已述,算法就是解决问题的步骤。由于某个问题通常可能有多种解决方法,即对应多种算法,因此,我们在解决问题时,在选择正确算法的基础上,还可以对算法进行有效的评价,进一步选择更好的算法。

评价一个算法主要有两个指标:时间复杂度和空间复杂度。

时间复杂度是从算法效率的角度来考虑的,指依据算法编写出的程序在计算机上运行所消耗的时间。

通常度量一个算法的执行时间有两种方法:一种是事后统计的方法,即实际运行相应算法所对应的程序,利用计算机内部精确的计时功能分辨算法的优劣。可以想象,采用这种方法有两个明显的缺陷:一是必须依据算法编写出程序;二是时间的统计过于依赖计算机的软硬件环境等因素,常常会掩盖算法本身的优劣。

因此,人们更多地采用另一种先验分析的方法,这种方法撇开与计算机软硬件相关的因素,无须执行程序,而是通过分析确定问题的规模来确定算法的时间复杂度。具体地讲,一个算法通常由控制结构和一些基本操作构成,因此,算法时间则取决于二者的综合效果。为了便于比较同一问题的不同算法,常常从算法中选取一种基本操作,以该基本操作重复执行的次数作为算法的时间复杂度。

比如,在前面的累加问题中,"加法"运算是累加问题的基本操作。整个算法的执行时间与该基本操作重复的次数 n 成正比,记作 $T(n)=O(n)$。表示该问题的时间复杂度 $T(n)$ 为 n 这样的线性数量级,记为 $O(n)$。除此之外,$O(n^2)$,$O(\log n)$ 等也是不同数量级时间复杂度的常见表示方法。

空间复杂度指依据算法编写出的程序在计算机上运行时所占存储空间的大小。与算法时间复杂度的表示一致,通常也用算法所占辅助存储空间大小的数量级来表示算法的空间复杂度,记作 $S(n)$。

值得说明的是,时间复杂度和空间复杂度往往是相互矛盾的,通常要降低算法的执行时间就要以使用更多的空间作为代价,而要节省空间则往往要以增加算法的执行时间作为成本,二者很难兼顾。因此,只能根据具体情况有所侧重。

6.4 程序设计方法

6.4.1 程序设计方法的发展

早期的计算机运行速度慢,内存容量小,硬件价格昂贵,程序的规模一般也比较小。因此程序设计人员主要考虑的是,如何用最少的计算机指令完成必要的功能,达到节省内存空间、提高运算速度的目的,而很少考虑到程序规范化的问题。这使得当时所编写的程序阅读起来非常困难,程序设计的过程基本上是一种手工作坊式的开发。

随着计算机的发展,软硬件分配的格局发生巨大变化。一方面硬件成本急剧下降,而另一方面程序的规模却日益庞大起来,并且日益复杂。在这种情况下,程序员不必再为了一点点效率而采取那些使程序变得晦涩难懂的技巧,而更多地关注于找到一种规范化的程序设计方法,从而使程序设计人员共同遵循一种通用的原则,便于交流和借鉴。于是计算机专家提出了结构化的程序设计思想。其核心内容是:一个良好的程序应该具有层次化的模块结构,并且只使用顺序、分支和循环三种基本结构。正是这一程序设计思想的提出使得程序设计逐渐走上了规范化的道路。随后面向对象程序设计方法的出现使程序设计在规范化的道路上更进了一步,并表现出了更多的优势。它使人们解决问题的思路与实际情况一致起来,从而也使软件开发变得更加简单、高效、合理。尽管如此,结构化程序设计方法在程序设计发展中所产生的重大影响仍然是无可取代的。如今,结构化程序设计方法和面向对象程序设计方法已经成为程序员的一项互为补充、不可缺少的基本技能。

6.4.2 结构化程序设计方法

前面介绍了结构化算法的三种基本结构。将三种基本结构组成的结构化算法用程序设计语言描述出来，就得到了结构化的程序。而这一过程就是结构化程序设计的过程。采用的方法就是结构化的程序设计方法。

1. 结构化程序设计

结构化程序设计的概念是荷兰学者 Dijkstra 首先提出来的，是一种进行程序设计的原则和方法，按照这种原则和方法可以设计出结构清晰、容易理解、容易修改、易于验证的程序。结构化程序设计的特征主要有以下几点：

（1）以三种基本结构组成的结构化算法来描述程序，逻辑清晰。

（2）有限制地使用转移语句。使用时，只限于在一个结构内部跳转，不允许从一个结构跳到另一个结构，从而缩小了程序的静态结构与动态执行过程之间的差异，易于正确理解程序的功能。

（3）采用结构化程序设计语言书写程序，并采用一定的书写格式使程序结构清晰，易于阅读。

（4）整个程序采用模块化结构。

2. 结构化程序设计方法

结构化程序设计方法的核心是模块化，即自顶而下、逐步求精的设计思想。具体讲，就是首先把一个复杂的大问题分解为若干相对独立的小问题。如果小问题仍旧比较复杂，则可以把这些小问题又继续分解成若干子问题。这样不断地分解，直到小问题或子问题简单到能够直接用程序的三种基本结构表达为止。然后，对应每一个小问题或子问题编写出一个功能上相对独立的程序块来。这些小问题或子问题就被称为模块。将每个模块的编写过程各个击破，最后再统一组装。这样的方法就是自顶向下、逐步求精的程序设计方法。最终将一个复杂问题的解决变成了对若干个简单问题的求解。我们通过下面的例子做一分析。

例 6.6　求方程 $ax^2+bx+c=0$ 的解。

分析：

本问题要解的是一个通用的一元二次方程。方程的三个系数 a、b、c 由用户输入。

按照自顶向下，逐步求精的思想，首先进行顶层设计。该问题可以分解成三个子问题，即输入方程系数，求解和输出结果。这三个子问题构成了整个题目的三个功能模块：A，B，C。其中 A 完成数据输入，B 对输入的数据进行具体的求解判断，C 则完成最终结果的显示输出。模块结构如图 6-25 所示。

分解出来的三个模块从总体上是顺序结构，其 N-S 图如图 6-26 所示。

其中 A、C 模块负责完成简单的输入输出，不需要再分解。因此，我们重点进行 B 模块的设计。

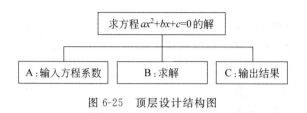

图 6-25　顶层设计结构图

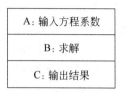

图 6-26　顶层设计 N-S 图

B 模块的求解过程面临的主要问题就是需要对不同的输入系数进行区别对待。归纳起来可以分为以下三种情况：首先要考虑的就是用户输入的系数能否构成一个方程。如果用户输入的系数中 $a=0$、$b=0$、$c\neq0$，则无法构成方程，也就不存在求解的问题，这时需要提示用户"数据输入不合法，程序无法处理"；第二种情况就是，若用户输入的三个系数分别为：$a=0$、$b=0$、$c=0$，则方程变成了恒等式，有无穷多解，无须处理；第三种情况是，如果 $a=0$、$b\neq0$，则方程按一元一次方程求解，结果为 $-c/b$；第四种情况是，如果 $a\neq0$，则方程按一元二次方程求解。由此得到将模块 B 细化后的 N-S 图如图 6-27 所示。

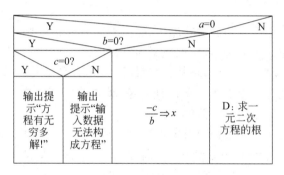

图 6-27　模块 B 细化 N-S 图

由于一元二次方程求根的过程仍然比较复杂，因此设为模块 D，继续对模块 D 进行进一步的细化，得到如图 6-28 所示的 N-S 流程图。

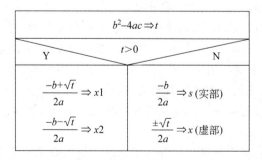

图 6-28　模块 D 细化 N-S 图

最终，将各部分组装在一起，就可以形成一个细化后完整的流程图。

可见,通过自顶向下、逐步细化的方法进行程序设计具有更好的可读性和可靠性,便于程序的测试和维护,有效地保证了程序质量。

值得说明的是,在结构化程序设计中,划分模块不能随心所欲,而必须按照一定的方法进行。模块的根本特征是"相对独立,功能单一",即模块之间的联系应尽量少,模块内部的各成分应尽量围绕单一的功能展开,结合紧密。

模块的独立程度可以有两个定性标准度量,即"耦合"和"内聚"。耦合用于衡量模块之间相互依赖的紧密程度,耦合程度越小,模块的相对独立性越大;内聚用于衡量模块内各成分间彼此结合的紧密程度,内聚程度越高,模块各成分之间联系越紧密,其功能越强。因此在模块化的过程中应当遵循"高内聚低耦合"的原则,以便使所开发的模块具有更好的重用性、维护性和扩展性,从而可以更高效地完成后期的维护开发,支持实际的业务拓展。

6.4.3　面向对象程序设计方法

1. 面向对象程序设计

如果说结构化程序设计是面向功能的,面向对象程序设计则采用了新的思路。它面向的是一个个的对象。具体讲,就是把数据和对数据进行的操作组织在一起,形成了一个整体,封装在一个对象中——这就是其"封装性"。因此,在面向对象程序设计中,程序设计人员的任务主要就是两个方面:①设计对象,即决定把哪些数据和操作封装在一起;②发送消息通知有关对象完成所需的任务。

下面的例子很好地说明了面向对象程序设计和结构化程序设计的不同。

例 6.7　编写一个程序,由键盘输入几个省参加高考的人数和各类学校实际录取的人数,统计高考升学率和各科最高分,并打印出结果。

按面向过程的结构化程序设计方法,该问题可分解为三个模块:输入模块、数据处理模块和输出模块。这三个模块只能是顺序执行,即先输入所有数据,然后处理数据,最后输出结果。因为这是对该问题的解决"过程"。

如果用面向对象的程序设计方法,问题被定义为三个对象:键盘输入、数据处理和打印输出。这三个对象中封装了各自的数据和方法,程序执行时不一定被顺序地操作。可以先输入一个或几个省的数据,然后进行第一个或几个省的数据处理并打印,之后再输入几个省的数据,再处理打印。因为各对象之间是独立的实体,可以通过消息分别驱动任何一个模块,要改变这个顺序时也不必去修改各对象的程序代码。

可见,面向对象程序设计方法按人们通常的思维方式来建立求解问题的系统模型,将软件开发的中心由过程转移到了包含属性和方法的对象上,其目的是设计出尽可能自然求解的软件来。

这里简单介绍面向对象程序设计方法中的几个重要概念和基本特征。

2. 面向对象程序设计方法中的重要概念

(1) 对象(Object):对一个信息及其相应处理的描述,它由属性和作用于属性之上的方法集组成。其中,属性是反映对象当前的状态;而方法分为两类,一类是通过返回对象当前的某个属性值来向外界反映对象当前的状态,另一类是通过改变对象的某些属性值来改变对象当前的状态。

(2) 类(Class):用来描述具有相同属性和方法的对象的集合,它定义了该集合中每个对象所共有的属性和方法,是建立对象的模板或蓝图。也就是说,类是对一组对象的抽象概括,而每个对象都是某个类的一个具体的实例。

(3) 消息(Message):用于请求对象执行某一处理或回答某些信息的要求,是对象执行类中所定义的某个操作的规格说明,用于表征对象间的相互关系。面向对象程序的执行通过在对象间传递消息来完成。

3. 面向对象程序设计方法的基本特征

面向对象方法具有如下基本特征。

(1) 封装性:将对象的属性(数据)和方法(操作)进行封装,通过将对象"黑盒子化"的方法提高程序的可靠性和安全性,同时增强了系统的可维护性。

(2) 继承性:在面向对象程序设计语言中,可以定义一类是另一类的子类,通常也称为派生类。属于某个类的对象除了具有该类的全部特征外,还具有上层所有类(称为父类)的全部性质,这种机制称为继承。

继承提供了创建新的类的一种方法:由其他已存在的类派生出新类,新类共享了已有类的所有方法和属性,并且可以添加所需要的新的方法和属性。

(3) 多态性:多态性指的是同一个消息被不同的对象接收时,解释为不同意义的能力。

多态性表现在两个方面:一方面是可在同一类中定义几个函数名完全相同的成员函数,但这些成员函数的形参类型或形参个数不同。另一方面是对象的继承特性的发展。派生一个类的原因并不一定是添加功能,也可以是为了重新定义某一功能,即派生类定义一个基类中已定义过的成员函数。这使得具有同一父类的各派生类在实现同一功能时可以采用各种不同的方法。

6.5 数 据 结 构

6.5.1 数据结构概述

数据是信息的载体,它能够被计算机识别、存储和加工处理。它是计算机程序加工的"原料"。根据要解决的实际问题不同,数据的复杂程度是千差万别的。有的数据只有一个数值,而有的数据则相当复杂。如何对这些数据以及数据间的关系进行描述、归纳和抽象,以解决信息处理的问题、满足日益复杂的要求呢?

下面的三个例子可以很好地说明这一问题。

例 6.8 记录王珊同学"大学计算机基础"课程的成绩。

该问题中涉及的数据就是一个数值。要对其进行计算机表示和处理是比较简单的，用恰当的数据类型来描述就够了。

数据类型是程序设计中的概念，是指具有相同性质的计算机数据的集合，在这个数据集合上可以进行一系列操作。数据类型主要可以分为两种类型：一种是原子数据类型，这种类型是由计算机语言提供的。如整数类型、实数类型等，都属于数据类型。例 6.8 中的数值应该属于实数类型，它是某一区间上的实数，在这个实数集上可以进行加、减等操作。另一种是结构数据类型，这种类型是程序设计语言提供的一种描述数据元素间逻辑关系的机制，是由用户自己定义的，如 C 语言中的数组、结构体类型等。如下面的例 6.9、例 6.10 所示。

例 6.9　记录王珊同学某学期所修全部 10 门课程的成绩。

该问题中涉及的数据不是一个简单的数据，而是一组（10 个）实数，如表 6-2 所示。在一些高级语言如 C 语言中，这样的类型可以定义为数组，即定义能够表示一组数据的变量，对这组数据进行统一的处理，方便程序的操作。该数组包含的数据称为数组的元素。在本问题中，数组的每个元素为实数类型。

有时候，问题所描述的数据可能会更加复杂，如例 6.10 所示。

例 6.10　记录某校所有二年级学生的基本资料。

表 6-3 中描述的是该校二年级学生的基本资料，也就是本问题中所涉及的数据，假设该校二年级共有学生 2000 名，则可看出本问题中的数据也可以用数组来描述，该数组共包含 2000 个元素。而与例 6.9 不同的是，这里的每个元素不是一个简单的数值，而是由表中的一行（多个属性）共同构成。这里的一行可以称为一条记录。其中每一条记录又包括学生的学号、姓名、性别、年龄等若干项具体信息。对于这样复杂的数据，在 C 语言中可以采用结构体来描述。

表 6-2　王珊同学某学期所修全部 10 门课程的成绩

王珊 10 门课程成绩
81
92
76
65
⋮

表 6-3　学生基本资料记录文件

学号	姓名	性别	年龄	家庭地址	…
2005010001	王珊	女	18	天津市南开区…	…
2005010002	李明	男	19	北京市朝阳区…	…
2005010003	李鹤扬	女	19	河北省…	…
⋮	⋮	⋮	⋮	⋮	⋮

可见，例 6.9 和例 6.10 中描述的信息都不再是简单的数据，而是除了数据之外，还要描述数据之间的一种关系，这就要用到数据结构的概念。

数据结构就是用来描述数据以及数据间的相互关系的。这个关系，具体讲就是数据的组织形式，通常包含如下两个方面的内容：

(1) 数据元素之间的逻辑关系，即数据的逻辑结构。

(2) 数据元素及其关系在计算机存储器内的表示，即数据的存储结构。

数据的逻辑结构是从逻辑关系上描述数据，它与数据的存储无关，是独立于计算机的，因此，数据的逻辑结构可以看作是从具体问题抽象出来的数学模型。而数据的存储结构是逻辑结构用计算机语言的实现（也称为映像），描述的是当程序运行时，数据在存储器中如何存储的问题。它是依赖于机器语言的，对机器语言而言，存储结构是具体的。但在这里，我们只是在高级语言的层次上来讨论存储结构。

此外，数据的运算也是非常关键的。运算解决的是各种结构的数据如何访问和处理的问题。它是定义在数据的逻辑结构上的，每种逻辑结构都有一个运算的集合。例如，最常用的运算有：检索、插入、删除、更新、排序等。要想准确地描述数据，除了描述数据本身及数据间的关系外，定义在数据之上的运算也是必不可少的。有了这些运算才能为后面对这些数据的处理和操作提供必要的帮助。

综上所述，无论是简单的数据类型还是可以表示复杂数据间关系的数据结构，都可以理解为包含数据的逻辑结构和存储结构两方面的内容，而运算则是建立在数据类型或数据结构之上的一系列操作。可见，数据类型和数据结构之间是统一的。

值得一提的是，运算与数据或数据结构是不可分割的。换句话说，没有定义运算的数据结构是没有意义的；而同样的数据结构也可能由于定义了不同的运算集合和运算性质，而呈现出不同的特征。因此，也有学者提出数据结构应该包含逻辑结构、存储结构以及数据的运算三个方面，同样是可以接受的。所以更完整地讲，数据结构可以理解为按照某种逻辑关系组织起来的一批数据；而当应用某种计算机语言对问题进行描述并将程序运行时，数据结构又表现为按照一定的存储方式在计算机存储器中的存储；此外，数据结构还包括在这些数据上所定义的运算集合。

6.5.2　常用的数据结构

明白了数据结构的概念和用途，本节将重点介绍几种常用的数据结构，即线性表、树和图。我们分别从几个简单直观的例子入手，介绍这几种数据结构的特点。

1. 线性表

（1）一般线性表

例 6.9、例 6.10 其实都是线性表结构的典型例子。

下面不妨以例 6.9 为例从逻辑结构、存储结构两方面来分析一下该数据结构的特点。

① 逻辑结构。从表 6-2 可以看出，问题中的各个数据是按照一定规则顺序排列的。对于表中任何一个数据，每个与它相邻且在它前面的数据（称为直接前趋）最多只有一个；与表中任意一个数据相邻且在其后的记录（称为直接后继）也最多只有一个。数据元素间的关系是线性的。并且整个表中只有第一个数据没有直接前趋。同样的关系也适用于表 6-3 中的各条数据记录。

② 存储结构。存储结构是指用计算机如何表示这些数据之间的关系。线性表的存储结构可以有如下常见的表示形式。

顺序结构：数据以与逻辑结构类似的形式顺序邻接地存储在一片连续的存储单元

中。图 6-29 为王珊同学某学期所修全部 10 门课程成绩在内存中顺序存储的情形。这种存储结构可采用前面提到的大多数程序设计语言提供的能够描述数据元素之间逻辑关系的数组机制实现。

链接结构：数据分布在内存离散的单元中。为了实现链接存储，需将记录所占的存储单元分成两部分：一部分用于定义记录本身，另一部分用于存放该记录的后续记录所对应的存储单元地址。图 6-30 示意了链接存储时内存中的情形。该结构也可以更加直观地用图 6-31 的形式表示。

此外，还可以针对线性表结构进行一系列的运算操作：添加、删除、查找一个数据等。当然，在不同的存储方式下，相应的运算方式自然也就不同。

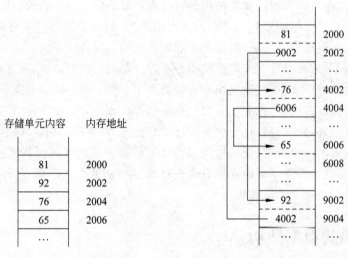

图 6-29　顺序存储结构　　　　图 6-30　链接存储时内存中的情形

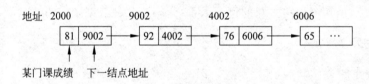

图 6-31　链接存储结构

除了上述最简单的线性表结构外，还有两种特殊的线性表：栈和队列。之所以说它们特殊，就在于一方面它们也都是线性表，都具有和线性表类似的逻辑结构和存储结构；另一方面，它们都是操作受限的线性表。

（2）栈

给一把手枪上子弹的过程是：子弹一颗一颗压进去，装好子弹后，射击时会把子弹一颗一颗再打出来。由于最先压入的子弹压在了弹夹的最下面，因此在射击时，通常是最后压入的子弹最先被射出，而最先压入的子弹最后射出。这一过程和要介绍的栈结构完全类似。如果在使用线性表存储数据时，对线性表中数据的插入、删

除运算加以限制,限制只能在线性表的一端进行,则此时的线性表结构被称为栈,如图 6-32 所示,类似机枪子弹上膛的过程。需要存储数据时,在栈的一端插入数据,新插入的数据会压住已经存入的数据;而需要删除数据时,也同样在这一端进行,这就决定了只能删除最上面的数据。可见栈的结构很像一个水桶形的容器,最上面称为栈顶,最下面称为栈底。对栈进行插入数据的操作也称为入栈,进行删除数据的操作也称为出栈。由于入栈和出栈在同一个端口进行,因此栈具有后进先出的特性,即最晚入栈的数据一定在栈顶,也必然最早出栈。相反,越早入栈的数据必然沉在栈底。

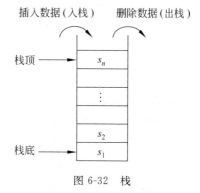

图 6-32 栈

在计算机中很多使用栈结构的例子,下面举几个简单的例子,说明栈的应用。

例 6.11 行编辑:一个简单的行编辑程序需要接收用户从终端输入的数据存入用户的数据区,允许用户输入出现错误时可以及时纠正。假设约定♯为退格符,用于表示前一个字符无效,@为退行符,表示当前行所有字符均无效。

如果用户在终端上输入为"print("♯♯f("h♯Hello");",则实际输入应为"printf("Hello");"。

本例是一个典型的栈存储方式的应用。用户从终端输入的字符依次写入用户数据区中,这一过程是入栈的过程;若某个字符输入错误,则会用退格键进行删除,重新输入正确的内容,这一步骤是将栈顶出栈,再重新入栈的过程;直到最终输入了正确的数据,系统会将数据区的整行数据读入,进行处理,此时是对栈进行清空的过程;清空后的栈(行缓冲)又可以进行下一行数据的处理。

例 6.12 数制转换:将十进制数转换成十六进制数:$(97)_{10} = (61)_{16}$。

$$97/16 = 6 \text{ 余 } 1$$
$$6/16 = 0 \text{ 余 } 6$$

结果为余数的逆序:61。本例中先求得的余数在写出结果时最后写出,后求得的余数则最先写出,符合栈的后进先出性质,也可以用栈结构来实现。

(3)队列

线性表的另一种特殊用法类似人们日常排队的过程。在文明有序进行某项活动时通常先到达的客户排在最前面最先获得服务,而后到达的则依次排在后面。即有客户到达时,只能从队尾进入队列排队,而为客户提供服务时,则从队头选择排在最前面的客户进行。

如果对线性表的数据插入操作限制在表的一端进行,而数据删除操作限制在表的另一端进行,则这样的结构完全类似于客户排队的过程,此时的线性表结构称为队列,如图 6-33 所示。显然队列具有先进先出的性质。

使用队列的例子在计算机中就更多了。

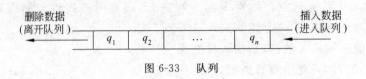

图 6-33　队列

例 6.13　使用队列处理多个进程对共享系统中打印机的申请操作。

系统会将提交上来的多个打印任务按照一定的原则(如先到先服务的原则)排在一个队列结构中,按先后次序依次提供打印服务。最终只有队列前面的任务打印完成后,后面的任务才可获得执行,直至最终完成所有的打印任务。

例 6.14　使用队列处理 CPU 资源的竞争问题。

在具有多个终端的计算机系统中,有多个用户需要使用 CPU 各自运行自己的程序,他们分别通过各自终端向操作系统提出使用 CPU 的请求,操作系统按照每个请求的先后顺序将其排成一个队列,依次处理。每次把 CPU 分配给队头用户使用,当相应程序运行结束后,将该程序从队列中移除,再把 CPU 分配给新的队头用户使用,直到所有用户任务处理完毕。

2. 树

前面的线性结构主要反映了数据元素之间的线性关系,很难说明数据之间的层次关系。而树状结构是一类重要的非线性数据结构,它能很好地描述结构的分支关系和层次关系。

先通过一个生活中的例子来说明一下树状结构。

例 6.15　*记录家谱。*

要想完成这一功能,必须对家谱中数据元素之间的关系有一个清楚的了解。

假设某家族的血统关系如下:王祖之有四个孩子,王洪、王明、王良和王励;王洪又有两个孩子王维东和王维方;王良有三个孩子王维宏、王维阳和王维升;王维宏有两个孩子王磊和王鹏。这个家族关系可以形象地用图 6-34 来描述,它很像一棵倒画的树。这就是典型的树状结构,它与前面介绍的线性表的顺序关系是完全不同的。我们只简单分析一下这种数据结构的逻辑关系。

图中,"树根"是王祖之,树的"分支点"是王洪、王良和王维宏,其他成员均是"树叶",而树枝(图中的线段)则描述了家庭成员之间的父子关系。这种关系显然是非线性的。相反,结点之间具有明显的层次关系,一个父亲结点可以对应 0 个或多个孩子结点,而一个孩子结点则只能对应一个父亲结点,数据元素之间存在着"一对多"的关系。同时,根结点没有前趋结点,而叶子结点也没有后续结点。这样的结构就是典型的树状结构。

在操作系统的文件管理以及很多数据管理软件中,树状结构都是信息的重要组织形式,有很广泛的应用。

3. 图

图状结构是一种更为复杂的数据结构。如果说前面介绍的线性表、树等结构都有明确的条件限制,图形结构的数据元素之间的关系则是任意的,任意两个数据元素之间均可相关联。常用来表达生产流程、施工计划、各种网络建设等问题。

例 6.16 假设某城市部分地区间的地理位置关系如图 6-35 所示,用户要从 A 地去往 F 地,请给出距离最短的路径。

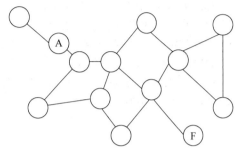

图 6-34 一个家族关系图　　　　　图 6-35 某城市部分地区地理位置关系图

本问题中各结点表示的是某城市不同的地区。由图中可见,结点间的关系与前面的线性表和树都不同。结点与结点间的关系是任意的,既不具备线性表的线性关系,也不具备树状结构的层次关系,任何两个结点之间都可能相关,这就是典型的图状结构。当我们把实际问题抽象成类似上面的图状结构时,就可以对其进行一系列的运算和处理,来解决实际的问题(如求距离最短的路径问题等)。

习 题 6

1. 什么是程序?程序通常包含几个部分?
2. 什么是算法?算法有什么特性?
3. 表示算法的三种基本结构是什么?如何描述?
4. 请分别用传统流程图和 N-S 图表示下列问题的算法:

(1) 求 $S=1+\dfrac{1}{2}+\dfrac{1}{3}+\cdots+\dfrac{1}{n}$

(2) 求 $S=1\times3\times5\times\cdots\times31$。

(3) 找出 100 以内的自然数中既能被 5 整除又能被 7 整除的数。

(4) 输入一个大于 2 的整数 n,判断它是不是素数。

5. 程序设计语言分为几类?
6. 什么是结构化程序设计,结构化程序设计方法的设计思想是什么?
7. 什么是面向对象的程序设计?
8. 什么是数据结构?常见的数据结构有哪几种?这几种数据结构分别用来解决什么样的问题?

参 考 文 献

[1] 谭浩强. C语言程序设计[M]. 3版. 北京：清华大学出版社,2014.

[2] 萨默维尔. 软件工程[M]. 9版. 程成,译. 北京：机械工业出版社,2011.

[3] 斯蒂芬斯. 软件工程入门经典[M]. 明道洋,曾庆红,译. 北京：清华大学出版社,2016.

[4] 福罗赞. 计算机科学导论[M]. 3版. 刘艺,等,译. 北京：机械工业出版社,2015.

[5] 帕森斯,奥加. 计算机文化[M]. 15版. 吕云翔,傅尔也,译. 北京：机械工业出版社,2014.

[6] 严蔚敏. 数据结构(C语言版)[M]. 北京：清华大学出版社,2011.

第 **7** 章

数据与数据处理

数据,已经渗透到当今每一个行业和业务职能领域,成为重要的生产因素。人们对于海量数据的挖掘和运用,预示着新一波生产率增长和消费者盈余浪潮的到来。随着互联网和信息行业的发展,数据的价值越来越被企业及个人所重视,各种数据分析技术进一步发展,"数据科学"成为新兴学科。

7.1 数 据

数据(Data)是事实或观察的结果,是对客观事物的逻辑归纳,是用于表示客观事物的未经加工的原始素材。数据是信息的表现形式和载体,可以是符号、文字、数字、语音、图像、视频等。数据和信息是不可分离的,数据是信息的表达,信息是数据的内涵。数据本身没有意义,数据只有对实体行为产生影响时才成为信息。

7.1.1 数据的类型

1. 按照数值的特点分类

按照数值的特点,数据可分为连续的和离散的。

(1)模拟数据(Analog data)也称为模拟量,指的是取值范围是连续的变量或者数值,即在某个区间产生的任意连续值。例如声音、图像、温度、压力等。

(2)离散数据(Discrete Data)也称为离散量,其数值只能用自然数或整数单位计算。例如企业个数、职工人数、设备台数等,只能按计量单位计数,这种数据的数值一般用计数方法取得。

由于计算机只能记录由 0 和 1 组成的二进制数据,因此处理的数据也只能是离散数据。将从现实世界获取的模拟数据(如测量得到的温度、压力、声音、光照等)转换成离散数据由计算机处理的过程,称为数据的"离散化"或"数字化"。因此,计算机所处理的声音、图像等多媒体数据,也都是离散数据。

2. 按照数据的结构化特点分类

根据数据中是否有清晰的结构,数据可分为结构化数据和非结构化数据。

(1) 结构化数据,是指能够用统一的结构加以表示的数据。结构化数据的表现形式通常为二维逻辑表格。表格的每一列是数据的每一个属性,有指定的数据类型,如姓名、学号、性别、年龄等;表格的每一行是数据中相应的一条记录,如每一个学生。结构化数据一般用关系型数据库进行管理。

(2) 非结构化数据,是指相对于结构化数据而言,不方便用数据库二维逻辑表来表示的数据,例如办公文档、文本、图像、XML 文件、HTML 网页、音频、视频等。这些数据没有能够表示成二维表结构的统一结构,因此被称为"非结构化数据"。随着大数据时代的到来,人们要处理的数据中非结构化数据的比例越来越大。

7.1.2 数据处理

数据处理(Data Processing)是指对数据的采集、存储、检索、加工、变换和传输等操作。数据处理的目的是从海量的数据中,抽取出对于某些特定领域有价值的数据。数据处理是系统工程和自动控制的基本环节,它贯穿于社会生产和社会生活的各个领域。数据处理技术的发展及其应用,极大地影响着人类社会发展的进程。

1. 数据处理软件

对于大量数据的处理离不开计算机软件的支持。数据处理软件包括:用以编写处理程序的各种程序设计语言及其编译程序、管理数据的文件系统和数据库系统(例如 SQL Server),以及各种数据处理方法的应用软件包。除此之外,为了保证数据的安全可靠,还需要一整套数据安全保密系统软件。

2. 数据挖掘

大量的数据如同埋藏着巨大价值的宝藏,需要我们采用一定的技术手段挖掘其中的价值。数据挖掘就是在大量数据中自动或半自动地寻找模式的过程,所发现的模式必须有意义并能产生一定的效益,如客户忠诚度分析、市场购物篮分析等。

下面举两个数据挖掘中具体的经典案例,以帮助读者理解数据挖掘的含义及作用。

例 7.1 沃尔玛通过对超市中的销售数据进行关联分析,发现尿布和啤酒的销售量之间存在很强的联系。原来,美国妇女通常在家照顾孩子,所以经常让丈夫下班回家时为孩子买尿布,而丈夫在买尿布的同时又常常顺手购买喜欢的啤酒。通过数据挖掘技术,沃尔玛发现了啤酒与尿布之间的关联,从而将啤酒和尿布这两个看上去毫无关联的商品摆放在一起销售,获得了很好的收益。

例 7.2 Google 的 Flu Trends(流感趋势)使用一些与流感相关的搜索词作为流感活动的指示器。通过分析相关的搜索记录,它发现了搜索流感相关信息的人数与实际具有流感症状的人数之间的紧密联系,因为当人们患上流感时,常常到搜索引擎中搜索相关信息。因此,通过监测并分析与流感相关的所有搜索,Google 的 Flu Trends 比传统的系统早两周对流感活动作出了评估。

数据挖掘可以挖掘的模式包括类/概念描述、频繁模式、关联和相关性、分类与回归、聚类分析、离群点分析等。其中可采用的技术包括统计学、机器学习、数据库系统与数据仓库、信息检索等。一般来说,数据挖掘要经历以下几个步骤。

(1) 信息收集:根据确定的数据分析对象,选择合适的信息收集方法收集信息。对于海量数据,选择一个合适的数据存储和管理的数据仓库是至关重要的。

(2) 数据清理:收集到的数据中可能会存在不完整(有缺失值)、含噪声(有错误值)、不一致(同样的信息不同的表示方式)等情况。对这样的数据进行挖掘,得到的结果也是不够准确的,因此这样的数据被形象地称为"脏数据"。将缺失值、噪声、不一致等情况从数据中修正,使数据尽可能地完整、正确、一致,被称为"数据清理"。

(3) 数据集成:把不同来源、格式、特点性质的数据在逻辑上或物理上有机地集中在一起,称为"数据集成"。

(4) 数据归约:通过数据归约技术,将使数据的量减小,但仍然良好地保持原数据的完整性,并且归约后与归约前执行数据挖掘的结果相同或几乎相同。数据归约包括维归约和数值归约。

(5) 数据变换:通过平滑聚集、数据概化、规范化等方式将数据转换成适用于数据挖掘的形式。对于有些实数型数据,通过概念分层和数据的离散化来转换数据是重要的一步。比如将身高数据划分为"矮""中等""高"三段。

(6) 数据挖掘过程:根据数据的特征,选择合适的分析工具,应用统计方法、事例推理、决策树、规则推理、模糊集,甚至神经网络、遗传算法的方法处理信息,得出有用的分析信息。

(7) 模式评估:从商业角度,由行业专家来验证数据挖掘结果的正确性。

(8) 知识表示:将数据挖掘所得到的分析信息以可视化的方式呈现给用户,或作为新的知识存放在知识库中,供其他应用程序使用。

数据挖掘过程是一个反复迭代的过程,任何一个步骤没有达到预期目标,都要回到前面的步骤,重新调整并执行。以上列出的每一步并非全部必需,可根据具体情况取舍。例如当不存在多个数据源时,步骤(3)数据集成便可省略。

步骤(2)数据清理、步骤(4)数据归约、步骤(5)数据变换又合称数据预处理。在数据挖掘中,至少 60% 的费用可能要花在步骤(1)信息收集阶段,而至少 60% 以上的精力和时间是花在数据预处理阶段。

3. 机器学习

随着信息社会的发展,人们拥有的数据越来越多,计算机的性能也不断提高。海量数据不可能采用手工方式处理,迫切要求机器学习提供的自动化方法。另一方面,人工智能领域的发展,进一步促使人们研究如何让计算机更加智能地学习知识,进而帮助甚至代替人类做出决策。因此,人们不满足于只从数据中挖掘出模式进行解读,而是进一步发展了机器学习这一人工智能的核心研究领域。

机器学习作为数据挖掘的一种技术手段,考查计算机如何基于数据学习。它也是人工智能研究中的核心领域之一。其主要研究内容之一,是让计算机程序基于数据自动地学习识别复杂的模式,并做出智能的决断。机器学习是一个快速成长的学科,包括监督学习、无监督学习、半监督学习,以及主动学习。

(1) 监督学习(supervised learning)基本上是分类的同义词,也称为预测学习。其目标是在给定一系列输入输出实例所构成的数据集的条件下,学习输入到输出的映射关系。学习中的监督来自于给定数据集中标记的实例。监督学习通过已经被人做好类标记的数据,来学习数据分类的规则,从而根据该规则对新的数据进行分类。监督学习在图像识别、语音识别等领域应用较广。

(2) 无监督学习(unsupervised learning)本质上是聚类的同义词,也称为描述学习。在给定一系列仅由输入实例构成的数据集的条件下,其目标是发现数据中的有趣模式。由于输入实例没有类标记,所以其学习过程被称为是无监督的。我们可以使用聚类发现数据中的类别,聚类算法可以根据一定的聚类规则自动地将相似的数据归为同类。

(3) 半监督学习(semi-supervised learning)是一类机器的学习技术,这种学习技术在学习模型时,同时使用标记的和未标记的实例。标记的实例用来学习数据的分类规则,未标记的实例用来进一步改善分类的结果。

(4) 主动学习(active learning)这种机器的学习方法让用户在学习过程中扮演主动角色。主动学习方法可能要求用户(例如领域专家)对一个可能来自未标记的数据集或由学习程序合成的数据进行标记。这种机器学习方法可以通过主动地从用户获取知识来提高模型质量。

7.1.3　大数据时代

随着信息技术、互联网及移动互联网的飞速发展,互联网中产生数据的数量和速度都远远超过以往,人们面对的数据体量也越来越大,数据种类越来越多。

每天,来自商业、社会、科学和工程、医学以及我们日常生活的方方面面的 PB 级的数据注入我们的计算机网络、万维网和各种数据存储设备。可用数据的爆炸式增长是我们的社会计算机化和功能强大的数据收集和存储工具快速发展的结果。例如,全世界已经有约 1 000 000 000 000 个网页;沃尔玛仅一个小时就有一百万的交易量,其数据库里数据已有 2.5PB。

世界范围的商业活动产生了巨大的数据集,包括销售事务、股票交易记录、产品描述、促销、公司利润和业绩以及顾客反馈等;科学和工程实践持续不断地从遥感、过程测量、科学实验、系统实施、工程观测和环境监测中产生多达数 EB 级的数据;全球主干通信网每天传输数十 PB 数据;医疗保健业由医疗记录、病人监护和医学影像产生大量数据;搜索引擎支持的数十亿次 Web 搜索每天处理数十 PB 数据;社团和社会化媒体已经成为日趋重要的数据源,产生数字图像、视频、网络博客、网络社区和形形色色的社会网络。产生海量数据的数据源不胜枚举。

我们迎来了大数据时代。马云说,人类正从 IT(Information Technology,信息技术)时代走向 DT(Data Technology,数据技术)时代。

关于大数据,业界及学术界并没有一个规范统一的定义。研究机构 Gartner 给出了这样的定义:"大数据"是需要新处理模式才能具有更强的决策力、洞察发现力和流程优化能力来适应海量、高增长率和多样化的信息资产。而麦肯锡全球研究所给出的定义是:一种规模大到在获取、存储、管理、分析方面大大超出了传统数据库软件工具能力范围的数据集合,具有海量的数据规模、快速的数据流转、多样的数据类型和价值密度低四大特征。

大家比较认同的是国际数据公司 IDC 定义的大数据"4V"特征,认为具有这样特征的数据就可以称为大数据。"4V"是指 4 个以字母 V 开头的单词:

(1) Volume,即数据的体量、规模。一般来说,数据量要达到 PB 级别才可算是大数据。目前,社会各领域的各种非结构化数据的超大规模增长,促成了 PB 级甚至更高级别数据量的形成。

(2) Velocity,即快速的数据的产生、流转速度,构成了大规模的动态的数据体系。互联网、移动互联网、物联网的快速发展,使我们每时每刻都有大量的数据产生着、流动着,其速度令人目不暇接。这也越来越要求人们能够对快速的数据做出快速的反应。

(3) Variety,数据类型的多样性。正如前面所说,我们已经突破了过去结构化数据一统天下的局面,文本、网页、图像、视频、音频等非结构化数据在所有数据中的比例越来越大。

(4) Value,巨大的数据价值。结合各种计算机技术,应用数据挖掘、机器学习的理论和方法,海量的数据将释放巨大的价值。全世界所有的人,每时每刻共同产生的大量数据,反映了人类社会活动的规律和模式。通过发掘这样的规律和模式,我们可以让各行各业开发出更好的服务。但是,由于数据量巨大,若将价值除以相应的数据量,得到的每个数据单位体现的价值密度则相对较低,这也是 Value 这个词体现的另一方面的含义。

7.2 数据库技术

20 世纪 60 年代,计算机硬件得到较大发展,出现了大容量磁盘;计算机的应用也越来越广泛、数据量急剧增长;同时数据管理应用越来越多地需要多用户、多应用共享数据的分布式联机实时处理。在这一背景下,出现了数据库技术,以及统一管理数据的专门软件系统——数据库管理系统。

7.2.1 数据库与数据库管理系统

日常生活中,通常将各类数据组织成一张张表格来进行管理。如一般高校都有学生选课、成绩查询这类教学管理系统。假设一个学生是某校的在校生,那么教学系统中必须要有该名学生的信息,如学号、姓名、所在专业班级、性别等,如表 7-1 所示。假设该学校开设了"数据库"这门课,则系统中也要存储这门课程的基本信息,如课程号、课程名称、学时数、学分等,如表 7-2 所示。学生选课了,系统中要加入选课信息:即××学生选修了××课程,如表 7-3 所示。课程考核后要能够登记成绩;学校每年都有新生入学、老生毕业,系统要能够添加新生信息,删除毕业生信息;随着教学计划的变更,课程信息可以修改、增加以及删除;在校生可以查看自己的选课信息、成绩等。

表 7-1　学生基本信息表

学　号	姓　名	专业班级	性别
20151201	李宏	英语 1501	男
20151202	张玲	英语 1501	女
...	...	...	...
20158022	王力	计算机 1501	男

表 7-2　课程基本信息表

课程号	课程名	学分
C1001	英语 1	4
C1002	计算机	4
...	...	...
C3005	化工原理	6

表 7-3　学生选课信息表

学号	课程号	成绩
20151201	C1001	87
20151202	C1002	B+
...	...	...
20158022	C1002	92

上述例子中,能够实现学生、课程、选课等信息的存储、浏览、插入、删除、修改等操作的若干规范表格组成的数据集,可以称为数据库;实现创建管理这些表格的软件称为数据库管理系统;这类以数据库为基础,能够实现各项应用功能的教学系统可以称为数据库系统。

数据库(Database,DB)是长期存储在计算机内的、有组织的、可共享的相关数据的集合。

数据库管理系统(Database Management System,DBMS)是介于用户与操作系统之间的一层数据管理软件。它为用户或应用程序提供访问 DB 的方法,包括 DB 的建立、查询、更新及各种数据控制。DBMS 是基于某种数据模型的。目前主流的数据库管理系统是基于关系的,如 Oracle、DB2、SQL Server、Access 等。

数据库系统(Database System,DBS)通常是指带有数据库的计算机应用系统。包括数据库、相应的硬件(计算机、终端、网络硬件等)、各类软件(数据库管理系统、应用程序开发的工具软件、实现具体功能的应用系统)以及各类人员。

DBMS 是运行在操作系统之上的系统软件,同时也是数据库系统的核心,是开发数据库应用系统必不可少的工具。它主要包含四大功能:数据表定义、数据表操纵、数据库运行控制和实现数据库备份恢复及性能检测等实用程序提供的功能。

1. 数据表定义（数据库定义功能）

DBMS 提供给用户 DDL(Data Description Language,数据定义语言)。应用 DDL 用户可以创建表,即定义表名、表中包含的各个列(属性)、各个属性的数据类型和取值范围等,并可以实现对表结构的修改、表与表之间建立相关性等操作。

2. 数据表操纵（数据操纵功能）

用户通过 DML(Data Manipulation Language,数据操纵语言)可实现对数据表的检索、插入、修改、删除等操作。

3. 数据库运行控制

DBMS 需要保证数据库中数据的正确性、完整性、安全性,即用户对于数据表的各种操作应当是合法的。通过一种 DCL(Data Control Language,数据控制语言)可控制哪些用户可以访问数据、对数据有更改权限等,还可以实现数据的完整性检查、并发控制、事务和日志管理。

4. 实用程序

DBMS 还提供数据格式的转换与通信功能,以及数据的转储、发生故障时的数据库恢复、再组织和重构造等功能。

当前主流的关系型 DBMS 有 Oracle、Sybase、DB2、SQL Server 等。支持大数据存储及应用的非关系型数据存储技术将在 7.4 节进一步介绍。

(1) Oracle 系列

Oracle 数据库系列产品是由全球最大的信息管理软件及服务供应商——美国 Oracle 公司推出的。它是一个最早商品化的关系型数据库管理系统,也是应用广泛、功能强大的大型数据库管理系统。

Oracle 作为一个通用的数据库管理系统,不仅具有完整的数据管理功能,还是一个分布式数据库系统,支持各种分布式功能,特别是支持 Internet 应用。作为一个应用开发环境,Oracle 提供了一套界面友好、功能齐全的数据库开发工具,是目前最流行的客户/服务器(C/S)体系结构的数据库管理系统,也是国内各行业应用最多的数据库管理系统。

(2) DB2 系列

1968 年 IBM 在 IBM 360 计算机上研制成功了 IMS V1,这是第一个也是最著名、最为典型的层次型数据库管理系统。随着关系数据库理论的诞生及发展,IBM 公司开始研究关系型数据库 System R,1983 年发布了 DB2。

DB2 主要用于大型应用系统,具有较好的可伸缩性,可支持从大型机到单用户环境,可运行于 OS/2、Windows、Linux 和 UNIX 等平台下。DB2 数据库可以通过使用微软的开放数据库连接(ODBC)接口,Java 数据库连接(JDBC)接口,或者 CORBA 接口代理被任何的应用程序访问,在我国主要应用于政府、金融等关键业务部门。

（3）Microsoft SQL Server 系列

SQL Server 是 1988 年微软公司与 Sybase 公司合作共同开发的用于 OS/2 上的应用程序。之后微软公司于 1993 年推出了桌面数据库版本 SQL Server 4.2，并且与 Windows 集成。1994 微软公司与 Sybase 公司终止了合作，因此之后推出的 SQL Server 也被称为 Microsoft SQL Server。

SQL Server 数据库的主要特点：丰富的图形化管理工具；动态自动管理和优化功能；丰富的编程工具；具有很好的伸缩性和可靠性；与 Windows 有机的集成，便于管理等。在我国的主要用户是中小型企业和教育机构。

（4）Sybase 系列

1984 年，Mark B. Hiffman 和 Robert Epstern 创建了 Sybase 公司，并在 1987 年推出了 Sybase 数据库产品。Sybase 是一款基于客户/服务器体系结构、真正开放、高性能、非常快也非常稳健的产品，主要用在 UNIX 操作系统上。

Sybase 提供了一套应用程序编程接口和库，可以与非 Sybase 数据源及服务器集成，允许在多个数据库之间复制数据，适于创建多层应用。系统具有完备的触发器、存储过程、规则以及完整性定义，支持优化查询，具有较好的数据安全性。Sybase 在我国电信业、铁路、金融企业等大中型系统中有很大的市场占有率。

（5）Microsoft Office Access

Access 是由微软公司发布的关系型数据库管理系统，由 7 种对象组成：表、查询、窗体、报表、宏、页和模块，用户无须编写代码，便可通过创建各类对象，实现小型的管理信息系统开发，这也是 Access 最大的优点——易学、开发成本低。

7.2.2 数据库的表

数据库中的表是由简单的行列关系约束的一种二维数据结构，如表 7-1～表 7-3 所示。

表中各列称为字段（field）或数据项（data item）：标记实体属性的命名单位，是数据库中的最小信息单位。如选课表中三个字段：学号、课程号、成绩。

表中一行称为一条记录（record）：字段值的有序集合，对应一个实体。如表 7-1 中"20151201,李想,英语,男"是一条具有 4 个字段的记录，表示学生李想的信息；如表 7-3 中"20151201,C1001,87"是一条具有 3 个字段的记录，表示学号为"20151201"的学生选修了课程号为"C1001"的课程，成绩为 87 分。

数据库中的表是一个二维表，但并不是所有的二维表都能作为数据库中的表，要具备以下基本性质：

- 每一列中的数值是同类型的数据，来自同一个域；
- 不同的列可对应于同一个域，但给予不同的属性名；
- 同一表中不允许有相同的记录，即无重复行；
- 行的次序可以任意交换，不影响关系的实际意义；

- 列的次序可以任意交换,不影响关系的实际意义;
- 表中的每一个属性值都必须是不能再分的元素。

满足上述性质的表,同时还要满足以下三条完整性的要求,才能称为数据库中的表。

- 实体完整性:要求表中的关键属性不能为空

如学生表,存储了全体学生的基本信息。现实世界中每个学生都有自己的关键特征,即学生间是可区分的;对应数据库中学生表的各条记录也应当是可区分的,即"学号"这一关键属性不能为空。如果"学号"取空值,就无法说明是哪个学生了。将具有这种特性的属性称为关键属性,定义为表的"关键字"或"码"。

- 参照完整性:要求表间的引用要正确

数据库中用表来表示事物与事物间的联系。如表 7-3 选课表,表示学生和课程之间的联系。选课表中的学号,要参照学生表中的学号取值,选课表中的课程号要参照课程表中的课程号取值,以保证是该学校的学生选修了一门学校已开设的课程。

- 用户自定义的完整性

任何关系数据库系统都要支持实体完整性和参照完整性。除此之外,不同的关系型数据库系统根据其应用环境的不同,往往还需要一些特殊的约束条件,称为用户自定义的完整性。例如某个属性不能为空,某个属性的取值范围在 0~100 等。

7.2.3 数据库操作语言

SQL(Structured Query Language,数据库操作语言)是 1974 年由 Boyce 和 Chamberlin 提出的结构化查询语言。1986 年 10 月美国国家标准局(ANSI)的数据库委员会公布了 SQL-86 标准,批准 SQL 为关系数据库语言的美国标准。

SQL 采用集合操作方式,用户只需要使用一条操作命令,就可以得到所有满足条件的对象。查询的结果和更新操作的对象都可以是元组的集合。SQL 是高度非过程化的语言,用 SQL 进行数据操作,用户只需要指出"做什么",而不需要指出"怎么做",因此用户无须了解数据的存放位置和存取路径。

SQL 语言简洁、易学易用,核心功能只有 9 个动词:CREATE、SELECT、INSERT、DELETE、UPDATE、ALTER、DROP、GRANT、REVOKE,实现对数据库和表的创建、数据的操作(查询、插入、删除和修改)、表结构的修改、表的删除、用户操作权限的控制等。

SQL 的查询语句 SELECT 的基本格式如下:

```
SELECT 列名 1,列名 2,……
FROM  表名 1,表名 2,……
〔WHERE  查询条件〕
```

数据库中的表名及属性列名称通常不采用汉字,一般多用英文单词或汉语拼音缩写表示。参照本节前面介绍的各数据表 7-1~表 7-3 组成的学生选课数据库,即学生基本信息表 S(Sno,Sname,Sdept,Sex),其中'Sno'表示学号,'Sname'表示姓名,'Sdept'表示专业班级,'Sex'表示性别;课程基本信息表 C(Cno,Cname,Credit),其中'Cno'表示课程号,'Cname'表示课程名,'Credit'表示学分;学生选课信息表 SC(Sno,Cno,Grade),其中'Grade'表示成绩。以下通过 SELECT 查询语句来介绍数据库提供的数据操纵功能。

例 7.3 查询学生的全部信息。

```
SELECT  Sno, Sname, Sdept,Sex
FROM    S
```

查询结果是学生基本信息表 S 的全部数据。

例 7.4 查询计算机系男同学的姓名及学号。

```
SELECT  Sname, Sno
FROM    S
WHERE   Sdept  like  '计算机%'  AND  Sex='男';
```

查询结果是从学生基本信息表中筛选出计算机系的男同学,返回他们的姓名和学号。其中'like'实现模糊查询。

例 7.5 查缺少成绩的学生的学号和相应的课程号。

```
SELECT  Sno, Cno
FROM    SC
WHERE   Grade  IS  NULL;
```

查询结果是选课表中没有登记成绩的所有选课记录。

例 7.6 查询男女同学人数。

```
Select     Sex, Count(Sno)
From       S
Group By   Sex;
```

查询结果是男生人数和女生人数。其中 Count() 为组合函数。

例 7.7 查询每个学生的总分并按总分降序排列、学号升序。

```
SELECT  Sno, Sum(ALL Grade)
FROM    SC
GROUP   BY  Sno
ORDER   BY  2  DESC, Sno ASC;
```

查询结果是每名同学的总分,并按照要求排序。其中 Sum() 为组合函数。

例 7.8 查询选修'C1001'课程且成绩超过 90 分的学生姓名与成绩。

```
SELECT  Sname, Grade
FROM    S, SC
WHERE   S.Sno=SC.Sno  AND  SC.Cno='C1001'  AND SC.Grade>90;
```

查询结果是所有选修了'C1001'课程且成绩超过 90 分的学生信息。

7.3 多媒体数据处理

多媒体(multimedia)是指能够同时采集、处理、编辑、存储和展示两个以上不同类型信息媒体的技术。这些信息媒体包括：文字、图形图像、声音、动画和视频等。

7.3.1 多媒体系统的组成

多媒体系统是把音频和视频同计算机系统集成在一起形成一个有机的整体，由计算机对各种媒体进行数字化处理。构成多媒体硬件系统除了需要较高配置的计算机主机硬件以外，通常还需要音频、视频、视频处理设备、光盘驱动器、各种媒体输入输出设备等，如图 7-1 所示。

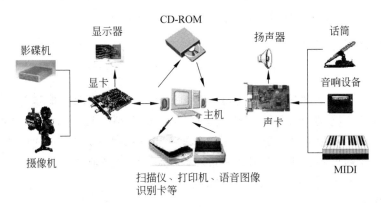

图 7-1 多媒体硬件系统基本组成

7.3.2 图形图像数据的处理

1. 图形图像分类

从存储方式来看，图分为两类：矢量图(Vector Graphics)和位图(Bitmap)，如图 7-2 所示。通常把矢量图称为图形，把位图称为图像。

（1）矢量图

矢量图也称向量图，是用一组指令集合来描述的。这些指令描述构成一幅图的所有直线、圆、圆弧、矩形、曲线等的位置以及维数和大小、形状。

（2）位图

位图即位映射图像，是由描述图像中各个像素点的强度与颜色的数位集合组成的。它存在内存中，也就是由一组计算机内存位(bit)组成，这些位定义图像中每个像素点的颜色和亮度。

放大后的像素

(a) 矢量图   (b) 位图

图 7-2　矢量图形和位图图像

　　由于矢量图形存储的是指令,所以其主要优点在于它的存储空间小。其次,矢量图形还可以分别控制处理图中的各个部分,单独加以拉伸、缩小、变形、移动和删除,而整体图形不失真。所以,矢量图形主要用于线型的图画、美术字、工程制图等。而位图图像适合表现比较细致、层次和色彩比较丰富、包含大量细节的图像。

2. 图像的主要参数

　　(1) 分辨率

　　图像分辨率指数字化图像的大小,即该图像水平和垂直方向的像素个数。图像分辨率与屏幕分辨率不同,例如,图像分辨率为 320×240,屏幕分辨率为 640×480,则该图像在屏幕上显示时只占据屏幕四分之一。当图像大小与屏幕分辨率相同时,图像才能充满整个屏幕。如果图像的尺寸大于屏幕分辨率,屏幕上只能显示该图像的一部分。这要求显示软件具有卷屏功能,使人能看到图像的其他部分。

　　(2) 图像深度

　　图像深度是指位图中每个像素所占的二进制位数(bit)。屏幕上的每一个像素都占有一个或多个位,以存放与它相关的颜色信息。图像深度决定了位图中出现的最大颜色数。目前图像深度分别为 1、4、8、24 和 32。若图像深度为 1,表明位图中每个像素只有一个颜色位,也就是只能表示两种颜色,即黑与白,或亮与暗,或其他两种色调(或颜色),这通常称为单色图像或二值图像。若图像深度为 8,则每个像素有 8 个颜色位,位图可支持256 种不同的颜色。自然中的图像一般至少要 256 种颜色。如果图像深度为 24,位图中每个像素有 24 个颜色位,可包含 16 772 216种不同的颜色,称为真彩色图像。

　　图像深度值越大,显示的图像色彩越丰富,画面越自然、逼真,但数据量也随之增大。

　　(3) 图像文件的大小

　　图像文件的大小是指存储整幅图像所占的字节数,它的计算公式为:

文件的字节数=图像分辨率×图像深度/8

其中,图像分辨率=高×宽。高是指垂直方向上的像素个数,宽是指水平方向上的像素个数。例如,一幅 640×480 的真彩色图像(24 位)未压缩的数据量为:

$$640 \times 480 \times 24/8B = 921\ 600B = 900KB$$

显然,图像文件所需要的存储空间较大。在多媒体应用软件的制作中,一定要考虑图像的大小,适当地掌握图像的宽、高和图像的深度。另外可对文件进行数据压缩处理来解决问题。

3. 图形图像的格式和编辑

常用的矢量图形软件有 CorelDRAW、AutoCAD 和 Adobe Illustrator 等。这些软件可以产生和操作矢量图形的各个成分,并对矢量图形进行移动、缩政、旋转和扭曲等变换。常使用的矢量图形文件扩展名有 cdr、dxf、eps 和 wmf 等。

常用的位图图像编辑软件有 Microsoft "画图"、PC Paintbrush 和 Adobe Photoshop 等。这些软件大都具有图像编辑、变形变换、优化处理等功能。可以选定某个区域进行裁剪、复制、粘贴、水平或竖直翻转、旋转、变斜、透视等操作,可以进行调亮度和对比度以及饱和度、去噪音、模糊、锐化、边界等处理。常使用的位图图像文件扩展名有 bmp、psd、tif、gif 和 jpg 等。

7.3.3 音频数据的处理

第 2 章中已经简单介绍了音频信号的数字化步骤,即每隔固定时间间隔对模拟音频信号截取一个振幅值,并且用指定字长的二进制表示,从而可将连续的模拟音频信号变成离散的数字音频信号。决定一段声波数字化后的质量因素包括采样频率、量化位数(采样精度)和声道数。声道数是指一次采样所记录产生的声音波形个数,分为单声道和双声道。如双声道产生两个声音波形(双声道立体声),立体声音色、音质好,但所耗用的存储容量成倍增长。因此,声音文件的大小计算公式为:

$$文件存储量(字节) = (采样频率 \times 量化位数 \times 声道数)/8 \times 时间(秒)$$

例 7.9 一个一分钟数字化声音信息占用的存储空间如表 7-4 所示。

表 7-4 一分钟声音占用存储量及性能

采样频率/kHz	量化位数	数据量/(KB/min)		声音质量
		单声道	双声道	
11.025	8	661.5	1323	相当于 AM 音质
	16	1323	2646	
22.05	8	1323	2646	相当于 FM 音质
	16	2646	5292	
44.1	8	2646	5292	相当于 CD 音质
	16	5292	10 584	

1. 声卡与声音数据格式

声卡是负责录音、播音和声音合成的计算机硬件插卡。它可直接插入计算机的扩展槽中。我们知道,麦克风和喇叭所用的都是模拟信号,而计算机所能处理的是数字信号。简单地说,声卡的作用就是实现模拟信号和数字信号的转换。它负责将麦克风等声音输入设备采到的模拟声音信号转换为计算机能处理的数字信号;也负责将计算机使用的数字声音信号转换为喇叭等设备能播放的模拟信号。

声音数据是以文件的形式保存在计算机里。声音文件格式主要有 wave、mp3、ra 和 wma 等。

wave 文件又称波形文件,是 Microsoft 公司开发的音频数据文件。该格式文件声音还原性好、表现力强,但波形文件的数据量较大。mp3 文件是一种有损压缩,压缩比可达到 12∶1,因其压缩率大,在网络通信方面应用广泛。mp4 与 mp3 之间其实没有必然的联系。它们本身的技术和采用的音频压缩技术也迥然不同,mp4 压缩比提高到 15∶1(最大可达 20∶1)而不影响音乐的实际听感。ra 文件的压缩比可达到 96∶1,因此在众多格式中脱颖而出。其最大特点是可以采用流媒体的方式实现在线实时播放,即边下载边播放。AIFF 文件是 Apple 公司开发的一种声音文件格式,被 Macintosh 平台及其应用程序所支持。MIDI 文件不是波形数据的集合,而是一系列指令的集合,它将电子乐器的弹奏过程以命令符号的形式记录下来,这些指令告诉声卡如何再现音乐。因此,它比数字波形文件小得多,大大节省了存储空间。这是 MIDI 文件的最大优点。

2. 声音数据的编辑

常用的音频播放软件有 Windows Media Player、千千静听、Winamp 等。常用的音频

图 7-3　录音机应用程序窗口

编辑软件有 Windows 自带的"录音机"、GoldWave、Adobe Audition、Cool Editor 等。通过这些软件可以对声音进行降噪、扩音、剪接、淡入淡出等处理,还可以添加混响、回声、滤波、变调、变速等音效。其中 Windows 所带的"录音机"应用程序窗口如图 7-3 所示,它是 Wave 音频文件录制、播放和进行简单编辑的非常实用且操作简单的工具。

7.3.4　计算机动画和视频

1. 计算机动画

动画就是一系列快速展示的画面,利用图像在人眼中滞留的原理,产生动作的感觉。实际上动画是由若干静态画面,快速交替显示而成的。因人的眼睛会产生视觉暂留,对上一个画面的感知还未消失,下一张画面又出现,就会有动的感觉。实际上,动画的画面刷新率为 24 帧/秒,即每秒放映 24 幅画面,则人眼看到的是连续的画面效果。

计算机动画的原理与传统动画基本相同,采用连续播放静止图像的方法产生运动的效果,也就是使用计算机产生图形图像运动的技术,并可以达到传统动画所达不到的效果。根据视觉空间的不同,计算机动画又有二维动画与三维动画之分。利用 Flash 软件可以制作二维动画。Flash 是专门用来设计网页及多媒体动画的软件,用于绘制和加工帧动画、矢量动画,再加上兼容 MP3 格式的音乐,非常适合应用于网络上,成为当前最受欢迎的动画制作软件之一。3DS Max 和 Maya 等软件可以制作三维动画 3DS Max 是一款应用于 PC 平台的元老级三维动画软件,Maya 是美国 Alias Wavefront 公司出品的世界顶级的三维动画制作软件,广泛应用于专业的影视广告、角色动画、电影特技等领域。

2. 视频的处理

我们在日常生活中经常看到的电影、电视等都属于视频信号的范畴。视频信号具有内容随时间而变化、伴随画面动作有同步的声音两大本质特征。视频信号在生成、传递及显示过程中应用的标准即制式 NTSC 和 PAL 虽不相同,但 NTSC 和 PAL 等式视频信号都是模拟的,而计算机只能处理和显示数字信息,因此必须对这些信号进行数字化处理。对视频信号的数字化也同音频信号数字化类似。视频信号的采集与数字化是通过视频捕捉(采集)卡将静态或动态的模拟视频信号转换为数字信号,由计算机处理后存储到硬盘等存储器中。视频采集的模拟信号源可以是录像机、摄像机、影碟机等,保存在录像带、激光视盘等介质上的图像信息,也可以利用视频采集卡转录到计算机内。

我们在对视频信号进行数字化采样后,可以对视频信号进行编辑和加工。例如,可以对视频信号进行删除、复制、改变采样比率或改变视频或音频格式等操作。目前常见的视频编辑软件有 Adobe 公司的 Premiere。该软件功能较强,包括编辑和组接各种视频片段、各种特技和过渡效果的处理、各种字幕和图标等视频效果、配音并对音频进行编辑调整等。另外,"会声会影"也是广大 DV 爱好者喜爱的一款优秀的视频处理软件。常用的视频文件格式有 avi、mov、mpg 和 rm 等。

7.3.5 多媒体数据压缩

众所周知,多媒体应用系统中各种媒体信息(特别是图像、声音和动态视频)数据量庞大,如果不对其进行有效的压缩就难以得到实际的应用。因此,数据压缩技术已成为当今数字通信、广播、存储和多媒体娱乐中的一项关键技术。

1. 数据压缩的可行性

对于一幅图像画面来说,其灰度或色彩的分布具有块状结物,图像的内容整体上有结构性,各像素间具有位置上的相关性,利用这些特征就可用较少的数据量来表示一幅图像,从而实现对图像数据的压缩处理。

我们知道,一幅画面上各个局部均有许多灰度或颜色相同的邻近像素,它们形成了一个性质相同的集合块,称它们相互之间具有强相关性,即为数据冗余;对于动态画面来说,图像序列中连续显示或播放的相邻两幅图像之间有许多部分是重复的,即前后相邻两幅图像间具有强相关性,则称这相邻两幅图像间有数据冗余。因此,任何静止画面或动态画面都存在有很大的冗余度。

数据冗余的类别分为:空间冗余、时间冗余、视/听觉冗余和编码冗余等。针对不同类型的数据冗余,使用不同的压缩方法。可用极少的信息量来表示作为整体的集合块,也即去除或减少了图像信息中的冗余度,从而节省了存储空间。冗余的理解在于,可采用某种方法以较少的数据来近似表示大量的数据,它是实现数据压缩的前提。

2. 数据压缩处理的过程

数据压缩处理一般是由两个过程组成的:

(1) 编码过程(压缩)。将原始数据进行编码,实际就是对其按某种方法进行压缩,以达到节省存储空间与数据传输量的目的。因而,编码过程就是数据压缩过程。

(2) 解码过程(解压缩)。解码过程是对编码数据进行解码,亦即将压缩了的数据进行解压缩,还原为可以使用的数据。因此,解码过程就是还原压缩数据的过程。

数据的压缩和解压缩过程如图 7-4 所示。

图 7-4　数据的压缩与解压缩

一般来说,衡量一种数据压缩技术的指标主要有以下几项。

(1) 压缩比,即压缩前后所需的数据存储量之比。压缩比越大,说明数据压缩的程度越高。

(2) 实现压缩算法的难易程度或执行速度。速度越快,压缩算法的效率就越高,从而越具有实时性。

(3) 重现精度,即重现时的数据与原始数据比较有多少失真。

3. 数据压缩方法

数据压缩方法种类很多,可以分为无损压缩和有损压缩两大类。

(1) 无损压缩

无损压缩又称可逆编码方法。此方法解码后数据与原始数据完全一致,即压缩的原始数据是完全可恢复的或没有偏差的。这是不失真的数据编码方法,但它不能提供较高的压缩比。无损压缩常用于文本、数据的压缩。如行程编码、Huffman 编码(霍夫曼编码)、算术编码、LZW 编码等。

行程编码是相对简单、古老的一种无失真编码方法。它的编码思想是:将相同的连续符号串用一个符号和串长的值来代替。比如有一个符号串 GGAAAAAYYYYYYYZ,则行程编码可以压缩为 2G5A8YZ,减少了符号串的长度,数据得到了压缩。

(2) 有损压缩

有损压缩又称不可逆编码方法。此方法利用了人类视觉和听觉对图像和声音中的某些成分不敏感的特性,允许压缩过程中损失一定的信息。虽然有损压缩不能完全恢复原始数据,但是所损失的部分对理解原始图像和声音的影响有限,却换来了较大的压缩比。有损压缩广泛应用于语音、图像和视频数据的压缩。如预测编码、变换编码、矢量量化编码、子带编码等。

预测编码:图像中相邻像素点之间的相关性较强,任何一个像素点的亮度值,均可由它相邻的已被编码的像素点的编码值来进行预测。实际值与预测值之差为误差值,预测编码即将该误差值量化编码。一般来说,误差值比实际值要小得多,从而减少了存储和传输的数据量,实现了数据的压缩处理。预测编码中典型的压缩方法有 DPCM 和 ADPCM 等。

4. 数据压缩标准

为了使数据压缩方法具有共同的依据和兼容性,形成国际标准和商品化,国际组织联合制定了一些压缩标准。

(1) JPEG(Joint Photographic Experts Group)是一个通用的静止图像压缩标准,是既可用于灰度图像又可用于彩色图像的第一个国际标准。它定义了两种基本压缩算法,一种是基于空间线性预测技术(DPCM)的无失真压缩算法,另一种是基于离散余弦变换(DCT)的有失真压缩算法。

(2) MPEG(Moving Photographic Experts Group)活动图像专家组是为数字视频、音频制定压缩标准的,它成为现在制定"活动图像和音频编码"标准的组织。目前,已经开发的 MPEG 标准有几种。MPEG-1 已经成功地推动了 VCD 产业;MPEG-2 标准又带动了 DVD 及数字电视等多种消费电子产业;MPEG-4 在家庭摄影录像、网络实时影像播放中大有用武之地;MPEG-7 标准在数字图书馆、多媒体目录服务、广播媒体选择、医疗应用和地理信息系统等领域都有潜在的应用价值。

7.4 数据处理新技术

大数据时代给人们带来了新的挑战,需要开发新的技术来应对大数据时代所面临的数据分析、实时响应的问题。

7.4.1 分布式计算系统

面对大数据,人们要解决两个问题:存储和计算。一方面,由于单机的存储容量有限,如何有效、安全、可扩展地存储海量数据是首先需要解决的问题;另一方面,在存储了海量数据的基础上,如何对其进行高效的分析是人们更为关心的问题。

随着计算机网络的发展,在集中式计算的基础上,分布式计算应运而生。这里主要针对目前主流的三大分布式计算系统 Hadoop、Storm 和 Spark 进行介绍。

1. Hadoop

Google 作为全球最大的搜索引擎提供商,多年来积累了海量的数据,包括网页、各种文档、用户的搜索记录等。Google 将这些数据保存在它遍布于世界各地的十几个数据中心,而每个数据中心是由成千上万台服务器组成的计算机集群。2003 年至 2006 年,Google 在国际学术会议上接连发表三篇学术论文,揭秘了其大数据处理的核心思想和技术手段。虽然由于商业原因,Google 不可能开源其使用的系统,但其公布的技术路线,却大大启发了 Hadoop 之父 Doug Cutting,促使其

发明了 Hadoop(Hadoop 是他儿子的玩具小象的名字,因此 Hadoop 的 Logo 也是一只小象),掀起了开源社区开发大数据项目的热潮。

2003 年,Google 在 SOSP 大会上发表了题为 *The Google File System* 的文章,介绍了其设计的分布式文件存储系统。简单说来,就是把大文件分割成固定大小的文件块,各文件块分别存储在集群中不同的计算机节点上,同时为了保证数据的安全性,在集群中保存各文件块的多份副本。开源社区基于 Google 这篇论文的思想,设计并开发了 HDFS(Hadoop Distributed File System,Hadoop 分布式文件系统)。

2004 年,Google 在 OSDI 大会上发表题为 *MapReduce:Simplified Data Processing on Large Clusters* 的文章,阐明了基于 Google File System 实现的分布式计算模型。该模型将基于分布式存储的分布式计算分为两个阶段:第一阶段,将计算程序分布到各个存储节点,由各节点针对本节点存储的数据进行计算;第二阶段,各节点将各自的计算结果汇总到一处,得到最终的计算结果。Hadoop 将 MapReduce 计算模型引入,实现了 Hadoop 中的 MapReduce 分布式计算。

2006 年,Google 在 OSDI 大会上发表题为 *Bigtable:A Distributed Storage System for Structured Data* 的文章,阐述了他们是如何在分布式环境下基于 Google File System 实现对结构化及准结构化数据的可扩展分布式存储的。开源社区同样开发了相应的开源系统 HBase,并很快成为 Apache 的顶级开源项目。

在 Hadoop 1.x 系列版本中,主要为底层的 HDFS 和在此之上的 MapReduce 计算框架,如图 7-5(a)所示。

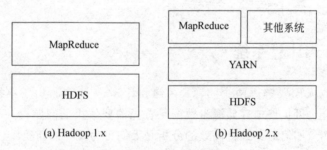

图 7-5　Hadoop 1.x 与 Hadoop 2.x

但是，Hadoop 1.x 框架中，整个集群的资源管理、任务调度均要由 MapReduce 计算框架来实现，这种方式既加重编程的负担，又无法使 MapReduce 计算框架专注于要解决的数据分析问题本身。因此，从 Hadoop 2.x 系列版本开始，人们将集群资源管理功能单独做成一个模块，取名为 YARN(Yet Another Resource Negotiator，另一种资源管理器)，作为 Hadoop 集群中独立的资源管理模块，而 MapReduce 计算框架以及其他各种基于 Hadoop 的大数据开源项目，均运行于 YARN 之上，如图 7-5(b)所示。

自从 Hadoop 诞生发展以来，开源社区围绕 Hadoop 开发了许多项目，它们每一个都致力于解决大数据环境下的某类特定问题。例如，可以让人们使用近似于标准化的 SQL 语句对 HDFS 上的数据进行离线批处理查询分析的 Hive、面向源源不断涌入系统的数据进行实时流式计算的 Storm、基于 Hadoop 的机器学习系统 Mahout 等。图 7-6 展示了围绕 Hadoop 开源社区形成的项目生态圈的一部分，除了这些，还有新的开源项目不断地涌现出来。

图 7-6　Hadoop 生态圈(部分)

由于 Hadoop 是开源免费的，而且用普通的服务器甚至 PC 在局域网内即可应用，因此它可以使企业充分利用现有的硬件资源，快速搭建自己的分布式存储服务和分布式运算系统，以低成本有效缩短数据处理时间，在大数据中发掘商业价值。

然而，为 Hadoop 编写 MapReduce 程序往往是烦琐的。利用 Hive 这一基于 Hadoop 的数据仓库工具，可将结构化的数据文件映射成二维表，从而通过简单的 SQL 语句进行查询和分析。Hive 可将用户提交的 SQL 语句转换成 Hadoop 上的 MapReduce 作业，使人们可以免除编写 MapReduce 程序的痛苦，享受通过 SQL 语句对结构化的大数据进行 MapReduce 分析。

2. Storm

Storm 是一种提供实时处理特性的分布式计算框架，它不进行数据的收集和存储工作，而是直接通过网络实时地接收数据、实时进行处理，并实时传递计算结果。

Storm 源于 Nathan 在分析平台创业公司 BackType 的工作。BackType 公司帮助企业了解其在社交媒体上的影响，其中就包括历史数据分析和实时数据分析。2010 年 12

月,Nathan 首先提出了将"流(Stream)"作为一个分布式抽象的概念,然后逐渐形成 Storm 的流式计算框架,并于 2011 年 5 月发布 Storm 的第一版本。同年 7 月,Twitter 正式收购 BackType 公司,同年 8 月 4 日 Twitter 将 Storm 开源。

Storm 集群主要由一个主控节点和一群工作节点组成,通过 Zookeeper 进行协调。其中主控节点(Master Node)通常运行一个 Nimbus 后台程序,用于响应分布在集群中的节点、分配任务和检测故障;工作节点(Worker Node)运行一个 Supervisor 后台程序,用于接收主节点分配的任务并执行响应的工作进程。

利用 Storm 执行计算时,首先需要设计一个用于实时计算的图状结构,称之为拓扑(Topology),运行计算时,这个拓扑将被提交给集群,由集群中的主节点分发代码,并将任务分配给工作节点执行。一个拓扑中包含 Spout 和 Bolt 两种角色。Spout 负责发送消息,它将数据流以 tuple 元组的形式发送出去;Bolt 则负责转换这些数据,在 Bolt 中可以完成对数据的计算、过滤等操作,同时,Bolt 自身也可以将数据发送给其他的 Bolt。

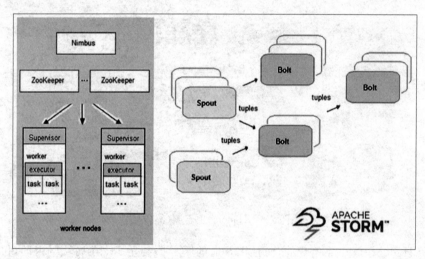

图 7-7 Storm
左:集群的组成   右:Storm 的拓扑示例

目前,Storm 被广泛应用于实时分析、在线机器学习、持续计算、分布式远程调用等领域。

3. Spark

随着 Hadoop 的应用越来越广泛,其缺点也逐渐显露。例如,它只支持 Map 和 Reduce 两种操作、在执行机器学习及图计算常用到的迭代计算时效率低下、更适合离线批处理而不适合数据挖掘常常要求的在线交互式处理、不适合日志实时分析要求的流式计算、MapReduce 的编程不够灵活等。Hadoop 的这些局限性也是 Hadoop 生态圈众多开源项目产生的原因。因此,人们开始考虑能否进一步提高 Hadoop 的效率,以及能否将批处理、流式计算、交互式计算统一在同一个框

架、同一个平台下。

加州大学伯克利分校 AMPLab 实验室的 Matei Zaharia、Ion Stoica 等人于 2010 年和 2012 年分别在国际学术会议上发表题为 *Spark：Cluster Computing with Working Sets* 和 *Resilient Distributed Datasets：A Fault-Tolerant Abstraction for In-Memory Cluster Computing* 的两篇论文，向世人展示了他们研发的分布式计算框架 Spark。2013 年，Matei Zaharia 和 Ion Stoica 作为联合创始人成立了 DataBricks 公司。2014 年，Spark 成为 Apache 的顶级项目。Spark 既可以与 Hadoop 紧密结合，以 HDFS 作为文件存储系统，以 YARN 作为资源管理层，也可以完全独立地部署在计算机集群中。

由于 Hadoop 并非为了迭代计算而设计，因此它在面对大数据场景下越来越多的机器学习、图计算问题中大量的迭代计算时，只能简单地将每一轮迭代的中间结果写入 HDFS 的磁盘中，下一轮迭代再从 HDFS 磁盘中读取该中间结果。在计算机系统中，由于硬盘内部是通过机械装置实现数据的读/写，相对于 CPU、内存来说速度很慢，因此频繁地读/写磁盘导致 Hadoop 实现的迭代计算效率十分低下。针对这个问题，Spark 用"内存计算"的概念将迭代计算的速度提高了上百倍。简单说来，Spark 不把迭代计算的中间结果写入磁盘再读出，而是直接在计算机的内存中保留。这一看似简单的改进，使 Spark 本质上成为一个分布式内存计算平台，从而拥有非常高的计算效率。

Spark 野心勃勃，将批处理、流式计算和交互式计算统一在一个框架内。通过 Spark SQL，用户可以通过执行熟悉的 SQL 语句，实现 Spark 框架下对海量数据的分析与查询，这完全可以代替 Hive 的功能；通过 Spark Streaming 模块，可以实现 Spark 框架下的流式计算，可以在一定程度上代替 Storm；MLlib 模块中集成了越来越多的机器学习算法，可以满足用户在 Spark 框架下对数据挖掘、机器学习算法的需求，大有取代 Mahout 之势；GraphX 模块专门针对图计算设计了一整套数据结构、若干算法和 API。图 7-8 显示了 Spark 中的这四大模块。

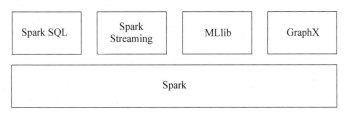

图 7-8　Spark 功能模块

Spark 本身是用 Scala 语言编写的，这是一种与 Java 高度兼容的函数式编程语言，因此，用 Scala 编写运行在 Spark 上的程序顺理成章。而函数式编程的简洁，使编写出的程序代码量较之于用 Java 编写的 MapReduce 程序则大大减少。除了 Scala，Spark 还支持 Java、Python、R 等主流数据分析工作中常用的编程语言。同时，Spark 还提供了 shell 命令行环境，使用户可以实现对数据的交互式分析。

7.4.2 新型数据库技术

传统的结构化数据通常适合于用关系型数据库来存储和管理，如 Oracle、DB2、Postgre SQL、Microsoft SQL Server、Microsoft Access、MySQL 等。但是，随着大数据时代的到来，一方面数据以前所未有的速度激增到 PB 级以上，另一方面各种非结构化数据井喷式增长，这都使传统的关系型数据库在实际应用中捉襟见肘。

关系型数据库以关系代数为理论支撑，以实体-关系模型为数据组织形式，具有包括实体完整性、参照完整性、用户定义完整性在内的很强的完整性约束，以保证数据库中数据的完整性和一致性。数据库事务是保证这种数据完整性和一致性的主要技术手段。虽然关系型数据库也可以通过分布式集群的方式，实现大容量数据库的集群式存储和管理，但它对完整性约束的高要求，导致对其通过扩大计算机集群规模来实现数据库的横向扩展相对困难，从而在面对大数据环境时显得力不从心。例如，关系型数据库为了保证数据的完整性和一致性，要求表结构明确且相对固定，一旦投入运营，再修改表结构是很困难的，而非结构化数据往往没有明确、固定的结构；又比如，同样是为了保证数据的完整性和一致性，关系型数据库在面对数据的插入、更新时，会使用锁机制，这在有大量、频繁的数据写入操作的情况下会严重影响数据库性能；当关系型数据库通过数据分割实现海量数据的分布式存储与管理时，事务、跨节点的连接查询等在数据库集群中步履维艰。

面对大数据时代对海量数据存储、分析等方面新的挑战，NoSQL、NewSQL 等新型数据库技术大行其道，这正是顺应了大数据时代的发展要求。

1. NoSQL

NoSQL，是 Not Only SQL 的含义，意为"不仅仅是 SQL"，即"不仅仅是关系型数据库"。它是突破了关系型数据库的各种限制，专为大数据时代而生的产物。NoSQL 数据库不是指某一个数据库管理系统，而是所有非关系型数据库的统称。它并非为了取代关系型数据库而存在，而是与关系型数据库互为补充，在大数据时代发挥各自所长。例如，电子商务系统通常用 NoSQL 数据库收集用户浏览日志、存储交易记录等，再通过大数据平台进行分析，分析结果保存在像 MySQL 这种关系型数据库中，供系统前端读取。

网站 http://nosql-database.org 专门收录全世界各种 NoSQL 数据库。截止到 2017 年 8 月，该网站共收录 NoSQL 数据库 225 个以上，并把它们分为列存储数据库、文档型数据库、键值对(Key-Value)数据库、图数据库、多模型数据库、对象数据库、网格及云数据库解决方案、XML 文档数据库、多维数据库、多值数据库、面向事件的数据库、时间序列/流数据库等。从这些类别的名称可以看出，这基本上是按照 NoSQL 数据库所面向的数据类型分类的。其中像对象数据库、图数据库等，并非新的模型，而是在数据库理论和技术发展过程中早已被人们提出过的，只是直到大数据时代，才有了它们更为广阔的用武之地。网站 DB-Engines(http://db-engines.com/)定期地对关系型数据库和 NoSQL 数据库进行混合排名，以显示它们的流行程度。

对于 NoSQL 并没有一个明确的范围和定义，但是各种 NoSQL 数据库都普遍存在下面一些共同特征：

（1）不需要事先定义数据模式和表结构。数据中的每条记录都可能有不同的属性和格式。

（2）NoSQL往往将数据划分后存储在各个本地服务器上。因为从本地磁盘读取数据的性能往往好于通过网络传输读取数据的性能，从而提高了系统的性能。

（3）在系统运行的时候，可以动态增加或者删除计算机集群中的计算机节点，不需要停机维护，数据可以自动迁移。

（4）相对于将数据存放于同一个节点，NoSQL数据库需要将数据进行划分并分散存储在多个节点上面，通常还要做复制。这样既提高了并行性能，又通过数据的冗余避免单点失效问题。

（5）NoSQL数据库中的复制，往往是基于日志的异步复制。这样，数据就可以尽快地写入一个节点，而不会被网络传输引起迟延。缺点是并不总是能保证一致性，这样的方式在出现故障的时候，可能会丢失少量的数据。因此，NoSQL追求的不是强一致性，而是最终一致性，即当数据复制完成后，达到一致性的要求。

（6）BASE。相对于关系型数据库中事务严格的 ACID（指 Atomic、Consistency、Isolation、Durability，即事务的原子性、一致性、隔离性、持久性）特性，NoSQL数据库保证的是 BASE（指 Basically Available、Scalable、Eventually Consistent，即基本可用、可伸缩、最终一致）特性。BASE 是最终一致性和软事务。

NoSQL数据库并没有一个统一的架构，两种NoSQL数据库之间的不同，甚至远远超过两种关系型数据库的不同。可以说，NoSQL各有所长，成功的NoSQL必然特别适用于某些场合或者某些应用，在这些场合中会远远胜过关系型数据库和其他的NoSQL。

2. NewSQL

NoSQL数据库可提供良好的扩展性和灵活性，但它们也有不足：①由于不使用SQL查询，NoSQL数据库系统不具备高度结构化查询等特性；②NoSQL不能提供 ACID 的操作，因此 NoSQL数据库通常保证最终一致性，而非强一致性，即分布式的各节点中的数据在发生改变的短期内可能会不一致，但最终会达到一致；③由于不同的NoSQL数据库面向不同的数据类型，因此它们常常有各自不同的查询语言，这使得很难规范应用程序接口。

面对 NoSQL数据库的局限性，人们又开始想念传统关系型数据库支持 SQL、支持事务等特性。2012 年，Google 在 OSDI 会议上发表了题为 *Spanner：Google's Globally-distributed Database* 的论文。Spanner 是 Google 内部研发并使用的可扩展的、多版本、全球分布式、同步复制数据库。它是第一个把数据分布在全球范围内的系统，并且支持外部一致性的分布式事务，其强大的特性包括非阻塞的读、不采用锁机制的只读事务、原子模式变更等。自此，Google 公司再一次引领了世界技术潮流，将世人的目光引向NewSQL数据库技术。

NewSQL 是对各种新的可扩展/高性能数据库的简称，这类数据库不仅具有 NoSQL 对海量数据的存储管理能力、线性的扩展能力，还保持了传统数据库支持 ACID 和 SQL

等特性。

与传统的关系型数据库相比,NewSQL 系统虽然内部结构变化很大,但是它们有两个显著的共同特点:①它们都支持关系数据模型;②它们都使用 SQL 作为其主要的接口。已知的第一个 NewSQL 系统叫做 H-Store,它是一个分布式并行内存数据库系统。2016 年 6 月,H-Store 发布了其最终版,并声明不会再继续更新。其商用版本为 VoltDB,但 VoltDB 也有开源版本。H-Store 的部分开发人员,在 H-Store 之后转而开发一款新的 NewSQL 数据库 Peloton。

目前 NewSQL 系统大致分为以下三类:

(1) 全新架构

第一类型的 NewSQL 系统是全新的数据库平台,主要有两种不同的设计方法:

① 第一种工作在分布式集群上,每个节点拥有一个数据子集。SQL 查询被分布到各个节点上执行。这种结构可以很方便地通过添加计算机节点来线性扩展。目前这类数据库中具有代表性的有 Google Spanner、VoltDB、Clustrix、NuoDB。

② 第二种通常有一个单一的主节点作为数据源。此外,有一组节点用来负责事务处理。这些节点接到 SQL 查询后,会把所需的所有数据从主节点上取到负责事务的这组节点上执行 SQL 查询,再返回结果。

(2) 改进的 SQL 引擎

第二类是高度优化的 SQL 存储引擎。这些系统提供了与 MySQL 相同的编程接口,但扩展性比 MySQL 内置的引擎 InnoDB 更好。这类数据库系统有 TokuDB 和 MemSQL。

(3) 透明分片

这类系统提供了分片的中间件层,数据库自动分割在多个节点运行。这类数据库包括 ScaleBase、dbShards、Scalearc。

值得一提的是,在 2015 年“双 11”期间,阿里巴巴集团自主研发的支持海量数据的高性能分布式数据库系统 OceanBase,100% 承载了淘宝、天猫、聚划算在支付宝上的交易,实现 0 漏单、0 故障。OceanBase 实现了跨行跨表的事务,支持数千亿条记录、数百 TB 数据上的 SQL 操作。相比传统的关系数据库而言,OceanBase 的最大亮点就是可自动扩展。它不仅仅可以扩展到一个数据中心乃至同城,在未来,OceanBase 更能成为跨地域多数据中心的全球数据库。同时,OceanBase 的强一致性,使它能够容忍一台服务器甚至是整个数据中心故障,而不会丢失一条记录。可以说,OceanBase 是中国在 NewSQL 技术上的代表性产品。目前 OceanBase 已在阿里云上开源。

7.4.3　云计算

云计算(Cloud Computing)是继 20 世纪 80 年代大型计算机到客户端-服务器的大转变之后的又一种巨变。它是分布式计算(Distributed Computing)、并行计算(Parallel Computing)、效用计算(Utility Computing)、网络存储(Network Storage Technologies)、虚拟化(Virtualization)、负载均衡(Load Balance)、热备份冗余(High Available)等传统计

算机和网络技术发展融合的产物。

美国国家标准与技术研究院(NIST)对云计算做了如下定义：云计算是一种按使用量付费的模式，这种模式提供可用的、便捷的、按需的网络访问，进入可配置的计算资源共享池(资源包括网络、服务器、存储、应用软件、服务)，这些资源能够被快速提供，只需投入很少的管理工作，或与服务供应商进行很少的交互。

Google、Amazon、阿里巴巴、中国移动、中国联通、中国电信等大型公司，通常都有自己的数据中心。这些数据中心中成千上万的计算机，并非全部时间都满负荷运转，其CPU、内存、磁盘空间等资源都有大量空闲。因此，这些公司就可以利用虚拟化技术，将这些闲置的资源打包成云服务，向公众开放，从而成为云服务提供商。而其他企业、机构、个人等，无须自行购买、维护实体服务器，只需要自行在网页上选择自己需要的配置、计算资源，即可向云服务提供商按需按量购买计算机资源。这种方式，一方面提高了数据中心计算资源的利用率，又降低了中小企业、机构、个人获取计算资源的门槛和成本，是一种多方共赢的模式。

从技术上看，大数据与云计算的关系就像一枚硬币的正反面一样密不可分。大数据必然无法用单台的计算机进行处理，必须采用分布式计算架构。它的特色在于对海量数据的挖掘，但它必须依托云计算的分布式处理、分布式数据库、云存储和虚拟化技术。

1. 云计算的服务形式

通常认为云计算包括以下几个层次的服务：基础设施即服务(IaaS)，平台即服务(PaaS)和软件即服务(SaaS)。

(1) IaaS(Infrastructure-as-a-Service)：基础设施即服务。消费者通过 Internet 可以从完善的计算机基础设施获得服务。例如硬件服务器租用。

(2) SaaS(Software-as-a-Service)：软件即服务。它是一种通过 Internet 提供软件的模式，用户无须购买软件，而是向提供商租用基于 Web 的软件来管理企业经营活动。例如：阳光云服务器。

(3) PaaS(Platform-as-a-Service)：平台即服务。PaaS 实际上是指将软件研发的平台作为一种服务，以 SaaS 的模式提交给用户。因此，PaaS 也是 SaaS 模式的一种应用。但是，PaaS 的出现可以加快 SaaS 的发展，尤其是加快 SaaS 应用的开发速度。例如软件的个性化定制开发。

2. 云计算的特点

云计算意味着计算能力也可以作为一种商品进行流通，就像煤气、水电一样，取用方便，费用低廉。最大的不同在于，它是通过互联网进行传输的。云计算的特点如下：

(1) 超大规模。Google 云计算已经拥有 100 多万台服务器，Amazon、IBM、微软、Yahoo 等企业的"云"均拥有几十万台服务器。企业私有云一般拥有数百上千台服务器。"云"能赋予用户前所未有的计算能力。

(2) 虚拟化。云计算支持用户在任意位置、使用各种终端获取应用服务。所请求的资源来自"云",而不是固定的有形的实体。应用在"云"中某处运行,但实际上用户无须了解、也不用担心应用运行的具体位置。只需要一台笔记本电脑或者一个手机,就可以通过网络服务来实现我们需要的一切,甚至包括超级计算这样的任务。

(3) 高可靠性。"云"使用了数据多副本容错、计算节点同构可互换等措施来保障服务的高可靠性,使用云计算比使用本地计算机更可靠。

(4) 通用性。云计算不针对特定的应用,在"云"的支撑下可以构造出千变万化的应用,同一个"云"可以同时支撑不同的应用运行。

(5) 高可扩展性。"云"的规模可以动态伸缩,满足应用和用户规模增长的需要。

(6) 按需服务。"云"是一个庞大的资源池,用户按需购买,可以像自来水、电、煤气那样按用量计费。

(7) 极其廉价。由于"云"的特殊容错措施,可以采用极其廉价的节点来构成云。"云"的自动化集中式管理使大量企业无须负担日益高昂的数据中心管理成本。"云"的通用性使资源的利用率较之传统系统大幅提升,因此用户可以充分享受"云"的低成本优势,经常只要花费几百美元、几天时间就能完成以前需要数万美元、数月时间才能完成的任务。

(8) 潜在的危险性。云计算服务除了提供计算服务外,还必然提供了存储服务。但是云计算服务当前垄断在私人机构(企业)手中,而他们仅仅能够提供商业信用。对于政府机构、商业机构(特别像银行这样持有敏感数据的商业机构),选择云计算服务应保持足够的警惕。一旦商业用户大规模使用私人机构提供的云计算服务,无论其技术优势有多强,都不可避免地让这些私人机构以"数据(信息)"的重要性挟制整个社会。对于信息社会而言,"信息"是至关重要的。另一方面,云计算中的数据对于数据所有者以外的其他云计算用户是保密的,但是对于提供云计算的商业机构而言确实毫无秘密可言。所有这些潜在的危险,是商业机构和政府机构选择云计算服务,特别是国外机构提供的云计算服务时,不得不考虑的一个重要的前提。

习 题 7

1. 名词解释:数据、数据库、数据库管理系统、数据库系统。

2. 列举几种数据库管理系统。

3. 在计算机中任意保存 .bmp 位图图像,计算其文件大小,并与计算机中保存的文件大小比较。

4. 在计算机中任意保存 .wav 音频文件,计算其文件大小,并与计算机中保存的文件大小比较。

5. 大数据中的"4V"指的是什么?

6. 简述 HDFS 的工作原理。

7. 为什么 Spark 的运算速度比 Hadoop 的 MapReduce 快?

8. 关系型数据库、NoSQL 数据库、NewSQL 数据库的区别与联系是什么?

参 考 文 献

[1] 韩家炜,卡伯,等. 数据挖掘——概念与技术[M]. 原书 3 版. 范明,孟小峰,译. 北京:机械工业出版社,2013.

[2] 威滕,弗兰克,霍尔. 数据挖掘——实用机器学习工具与技术[M]. 李川,张永辉,译. 北京:机械工业出版社,2014.

[3] 袁梅宇. 数据挖掘与机器学习——WEKA 应用技术与实践[M]. 北京:清华大学出版社,2014.

[4] 维克托·迈尔·舍恩伯格肯尼思·库克耶. 大数据时代——生活、工作与思维的大变革[M]. 盛杨燕,周涛,译. 杭州:浙江人民出版社,2013.

[5] 埃尔,等. 云计算:概念、技术与架构[M]. 龚奕利,贺莲,胡创,译. 北京:机械工业出版社,2014.

[6] 张俊林. 大数据日知录——架构与算法[M]. 北京:电子工业出版社,2014.

[7] 王珊,萨师煊. 数据库系统概论[M]. 5 版. 北京:高等教育出版社,2014.

第 8 章

常用办公软件

8.1　Word 2010 软件

Word 2010 是 Microsoft 公司 Office 办公软件中的重要模块之一,是一款功能强大的
文字处理实用软件,可以用来完成文字的输入、编辑、排版、存储和
打印等一体化功能,教材中的内容对后续的 2013/2016 版本均
适用。

8.1.1　Word 2010 启动窗口界面

窗口界面由快捷访问工具栏、功能区、文件按钮、状态栏、标尺、
滚动条、视图切换区和比例缩放区组成,如图 8-1 所示。

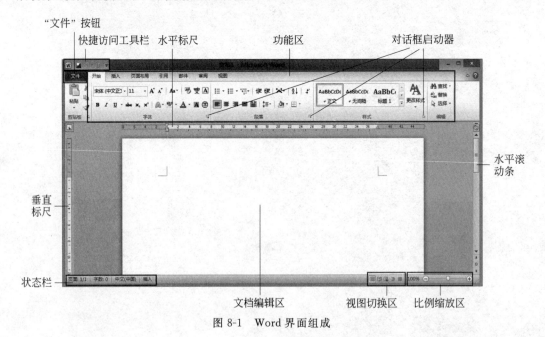

图 8-1　Word 界面组成

快捷访问工具栏主要包括一些常用命令,例如 Word、"保存""撤销""恢复"按钮。最右侧有一个下拉按钮,单击此按钮,在弹出的下拉列表中可以添加其他常用命令。

功能区主要包括"开始""插入""页面布局""引用""邮件""审阅"和"视图"等选项卡,以及工作时需要用到的命令。

文件按钮是一个类似于菜单的按钮,单击"文件"按钮可以打开"文件"面板,包含"信息""最近""新建""打印""共享""关闭"和"保存"等常用命令。

状态栏用于显示 Word 文档当前的状态,例如,当前文档页数、总页数、字数、语言(国家/地区)和输入状态等内容。

8.1.2 Word 2010 主要功能

1. 文字编辑

在文档编辑区中,垂直闪烁的光标就是当前输入插入点,输入的字符总是在插入点位置。在文档编辑区中输入文字就像在白纸上写字一样,当输入的文字到达页面最右边时,输入插入点就会自动到下一行的行首。而不需要通过 Enter 键产生换行操作,只有在开始一个新的段落时,才需要按 Enter 键。

用光标条盖住要进行编辑的文字,在"功能区"中,利用"开始"选项卡的"字体"组对文字进行简单编辑,可以设置字体、字号、增大字体、缩小字体、更改大小写、清除格式、拼音指南、字符边框、加粗、斜体、下画线、删除线、上标、下标、文本效果、以不同颜色突出显示文本、字体颜色、字符底纹和带圈字符等,如图 8-2 所示。

图 8-2　利用"字体"组对文字进行简单编辑

用光标条盖住要进行编辑的文字,单击图 8-2 中"字体"组右下角的小按钮,打开"字体"对话框,可以利用"字体"对话框进行文字编辑,如图 8-3 所示。

2. 段落编辑

把光标条定位到要进行设置的段落中,在"功能区"中,利用"开始"选项卡的"段落"组对段落进行简单编辑,可以设置项目符号、编号、减少缩进量、增加缩进量、中文版式、排序、显示/隐藏编辑标记、文本左对齐、居中、文本右对齐、分散对齐、行和段落间距、底纹和边框等,如果 8-2 所示。

把光标条定位到要进行设置的段落中,单击图 8-2 中"段落"组右下角的小按钮,打开"段落"对话框,可以利用"段落"对话框进行段落编辑,可以设置对齐方式、左缩进、右缩进、特殊缩进、段前距、段后距、行距等,如图 8-4 所示。

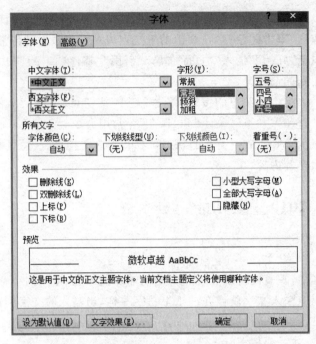

图 8-3　利用"字体"对话框对文字进行编辑

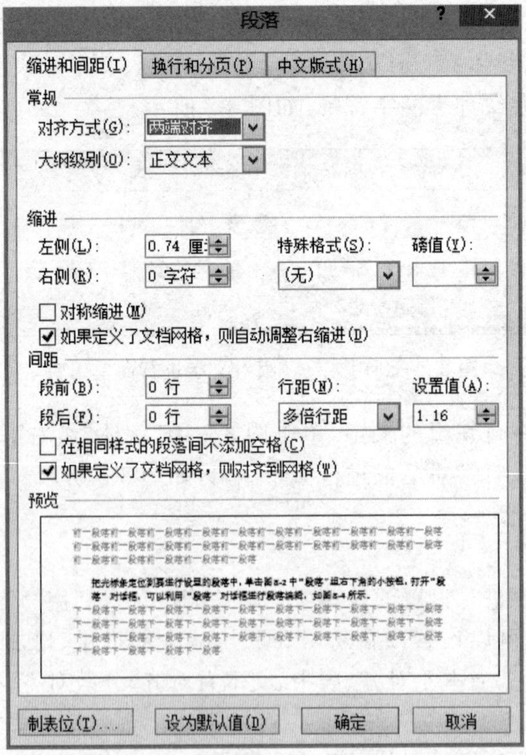

图 8-4　利用"段落"对话框对段落进行编辑

单击图 8-2 中"段落"组中的"底纹"按钮,完成底纹填充。

单击图 8-2 中"段落"组中的"边框"按钮,完成边框设置。

3.页面编辑

把光标条定位页面中,在"功能区"中,利用"页面布局"选项卡的"页面设置"组对页面进行简单编辑,可以设置文字方向、页边距、纸张方向、纸张大小、分栏、分隔符、行号和断字等,如果 8-5 所示。

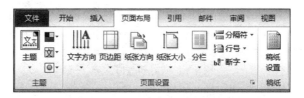

图 8-5 利用"页面设置"组对页面进行简单编辑

把光标条定位页面中,单击图 8-5 中"页面设置"组右下角的小按钮,打开"页面设置"对话框,可以利用"页面设置"对话框进行页面编辑,可以设置页边距、装订线、纸张方向、页码范围、应用范围以及纸张大小、纸张来源,如图 8-6 所示。

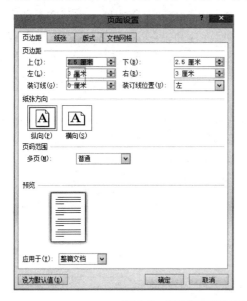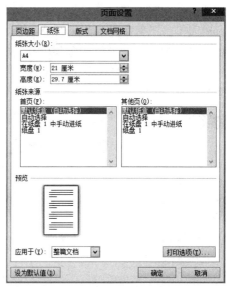

图 8-6 利用"页面设置"对话框对页面进行编辑

页眉和页脚通常用于打印文档。在页眉和页脚中可以包括页码、日期、公司徽标、文档标题、文件名或作者名等文字或图形,这些信息通常打印在文档中每页的顶部或底部。页眉打印在页面的顶部,页脚打印在页面的底部。

在文档中可以自始至终使用同一个页眉或页脚,也可在文档的不同部分使用不同的页眉和页脚。例如,可以在首页上使用与众不同的页眉、页脚或者不使用页眉和页脚。还可以在奇数页和偶数页上使用不同的页眉和页脚,在"功能区"中,单击"插入"选项卡"页眉和页脚"组中的"页眉"按钮,然后选择"编辑页眉"命令,进入页眉输入状态,在页眉中可以输入"Word 2010 的使用",如图 8-7 所示。

图 8-7　页眉和页脚设置

可以单击"在页眉和页脚间切换"按钮,进入页脚输入状态,可以输入页脚信息,输入完成之后,单击"关闭"按钮。退出"页眉和页脚"编辑状态,返回到页面编辑状态。

4.表格编辑

表格由不同行列的单元格构成,可以在单元格中填写文字和插入图片,可以对表格中的数字进行排序和求和计算,可以用表格创建引人入胜的页面版式以及排列文本和图形。

表格的编辑主要包括表格的插入、表格的加工、合并、拆分单元格、输入表格内容、表格的修饰等功能。功能的设置都集中在"功能区"中"插入"选项卡的"表格"组,用鼠标单击"表格"按钮,在弹出的界面中按住鼠标左键不放画出指定的行与列,如图 8-8 所示,插入一个 3×5 的表格。

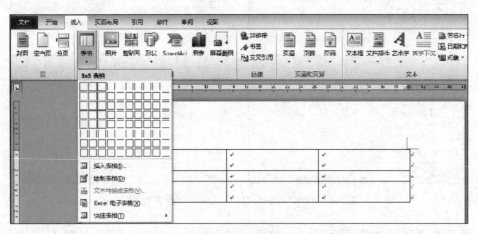

图 8-8　插入新表格

插入表格以后,把鼠标光标定位到表格单元格内部,在"功能区"中新出现"表格工具"项目,包含"设计"和"布局"选项卡,如图 8-9 所示。

在"设计"选项卡中,包含"表格样式选项""表格样式""绘图边框"组,在"表格样式"组中可以设置表格"底纹"和"边框";在"绘图边框"组,可以设置"边框样式""笔画粗细""笔

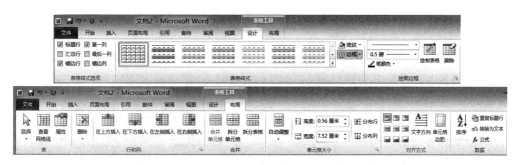

图 8-9　表格的设置

颜色",还可以绘制表格和擦除表格线。

在"布局"选项卡中,包含"表""行与列""合并""单元格大小""对齐方式"和"数据"组。在"合并"组可以设置"合并单元格""拆分单元格"和"拆分表格";在"单元格大小"组可以设置行高和列宽,以及平均分布各行和各列;在"对齐方式"组可以设置"对齐方式""文字方向""单元格间距";在"数据"组可以设置排序等。

5. 图文混排

可以使用两种基本类型的图形:图形对象和图片来增强 Word 2010 文档的效果。

图形对象包括自选图形、曲线、线条和艺术字等。

图片是由其他文件创建的图形。包括位图、扫描的图片和照片以及剪贴画。

在"功能区"中,利用"插入"选项卡的"插图"组插入图片、剪贴画、图形、组织结构图、图表和屏幕截图工具,如图 8-10 所示。

图 8-10　插入图片

选中插入的图片,在"功能区"中新出现"图片工具"项目,包含"格式"选项卡,如图 8-11所示,包含"调整""图片样式""排列"和"大小"组,在"调整"组中,可以设置更正、颜色、艺术效果、压缩图片、更改图片、重设图片;在"图片样式"组中,可以设置图片边框、图片效果和图片版式;在"排列"组中,可以设置位置、自动换行、对齐、组合和旋转;在"大小"组,可以设置裁剪、高度和宽度。

图 8-11　图片的设置

6. 目录编制

目录是文档中标题的列表，可以通过目录来浏览文档的主要内容框架，可以使用内置的标题样式和大纲视图来创建目录，主要包括创建目录、修饰目录等功能。

在文档中，将内置标题样式（"标题 1"到"标题 9"）应用到要包括在目录中的标题上。

单击要插入目录的位置。

在"功能区"中，单击"引用"选项卡"目录"组中"目录"按钮，如图 8-12 所示。在弹出的菜单中选择"插入目录"命令，弹出"目录"对话框，如图 8-13 所示。

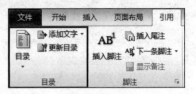

图 8-12　创建目录

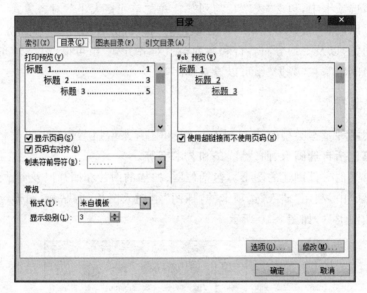

图 8-13　"目录"对话框

7. 公式编辑

可以通过内置的公式样式编辑二次公式、二项式定理公式、傅里叶级数公式、勾股定理公式、和的展开式公式以及三角恒等式公式。也可以通过单击"插入新公式"插入各种公式。在"功能区"中，单击"插入"选项卡"符号"组中的"公式"按钮，在弹出的菜单中选择"插入新公式"命令，进入公式编辑状态，如图 8-14 所示。

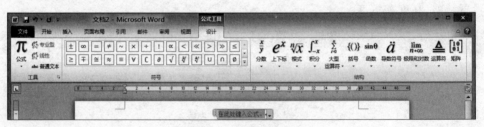

图 8-14　插入新公式

8. 邮件合并

创建一组除了每个文档中包含唯一不同元素以外基本相同的文档时,可以使用邮件合并功能。可以调用"邮件合并"向导方便使用此功能,功能的设置都集中在"功能区"的"邮件"选项卡中,如图 8-15 所示。

图 8-15 邮件合并

使用邮件合并功能,可以创建:

一组标签或信封:所有标签或信封上的寄信人地址均相同,但每个标签或信封上的收信人地址将各不相同。

一组套用信函、电子邮件或传真:所有信函、邮件或传真中的基本内容都相同,但是每封信、每个邮件或每份传真中都包含特定于各收件人的信息,如姓名、地址或其他个人数据。

一套编号赠券:除了每个赠券上包含的唯一编号外,这些赠券的内容完全相同。

8.2 Excel 2010 软件

Excel 2010 是 Microsoft 公司 Office 办公软件中的重要模块之一,是一个电子表格软件,可以用来制作电子表格、完成许多复杂的数据运算、进行数据的分析和预测等,并且具有强大的制作图表功能。

8.2.1 Excel 2010 启动窗口界面

窗口界面由快捷访问工具栏、功能区、文件按钮、编辑框、名称框、工作表列表区、滚动条、行号、列标、视图切换区和比例缩放区组成,如图 8-16 所示。

快捷访问工具栏主要包括一些常用命令,例如 Excel、"保存""撤销""恢复"按钮。最右侧有一个下拉按钮,单击此按钮,在弹出的下拉列表中可以添加其他常用命令。

功能区主要包括"开始""插入""页面布局""公式""数据""审阅"和"视图"等选项卡,以及工作时需要用到的命令。

文件按钮是一个类似于菜单的按钮,单击文件按钮可以打开"文件"面板,包含"信息""最近""新建""打印""共享""关闭"和"保存"等常用命令。

工作表列表区包括一个工作簿常用的工作表标签,如 Sheet1、Sheet2、Sheet3,单击左侧的工作表切换按钮或者直接单击工作表标签,可以在工作表之间进行切换。

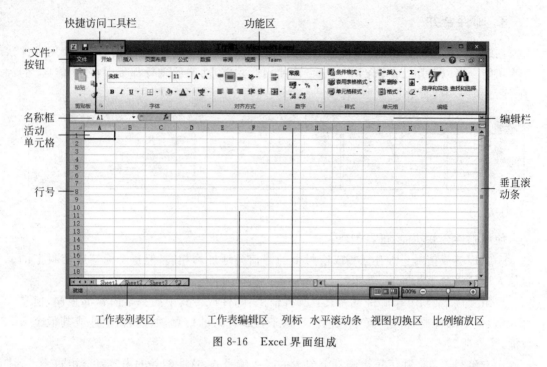

图 8-16　Excel 界面组成

工作表区是由多个单元格行和列组成的网状编辑区域,用户可以在此区域进行数据处理。

名称框,用户可以为一个或者一组单元格定义一个名称,也可以从名称框中直接选取定义过的名称,以选中相应的单元格。同时,在编辑栏中输入单元格的具体内容,如公式、文字、数据。

8.2.2　Excel 2010 主要功能

1. 数据输入

Excel 2010 可以输入的数据类型包括数字、文本、时间和日期。

数字使用的字符有:0、1、2、3、4、5、6、7、8、9、+、一、* 、/、()、,、%、E、e。在默认状态下,所有数字在单元格中均右对齐。

文本可以是数字、空格和非数字字符的组合。在默认状态下,所有文本在单元格中均左对齐。

时间和日期被视为数字处理,在默认状态下,在时间和日期单元格中均右对齐。用斜杠或减号分隔日期的年、月、日部分。按 Ctrl+;组合键可以输入当前系统日期。按 Ctrl+Shift+;组合键可以输入当前系统时间。

2. 利用填充句柄进行自动填写数据

在选定单元格的右下方有一个小的黑方块,就是填充句柄。

在向工作表中输入数据的时候,经常会遇到在相邻的单元格中输入相同的数据或输入有序特征的数据,例如,一月、二月、……。可以使用 Excel 2010 提供的自动填充功能进行快速输入。

(1) 填充相同的数据

首先单击有数据的源单元格,将鼠标指针移动到单元格右下角的填充句柄上,鼠标指针的形状变成"＋"字形状,按住鼠标左键不放开拖动,到输入的最后一个单元格后放开鼠标左键,即可在选中的单元格中输入相同的数据,如图 8-17 所示。

(2) 填充序列数据

首先单击具备序列填充数据的源单元格,将鼠标指针移动到单元格右下角的填充句柄上,鼠标指针的形状变成"＋"字形状,按住鼠标右键不放开拖动,到输入的最后一个单元格后放开鼠标右键,弹出一个快捷菜单,选择"以序列方式填充"命令,即可在选中的单元格中输入序列数据,如图 8-18 所示。

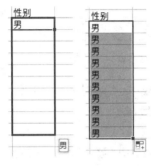

图 8-17　填充相同数据

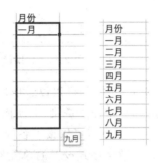

图 8-18　填充序列数据

3. 基本编辑

Excel 文档中最基本的编辑操作,包括数据的输入、剪贴板使用、字体的设置、对齐方式的设置、数字格式设置、样式的设置以及部分编辑等功能。功能的设置都集中在"功能区"中"开始"选项卡中的"剪贴板"组、"字体"组、"对齐方式"组、"数字""样式"组、"单元格"组以及"编辑"组,如图 8-19 所示。

图 8-19　基本编辑功能

(1) 在"字体"中可以设置字体、字号、增大字体、缩小字体、加粗、斜体、下画线、边框、填充颜色、字体颜色等。

工作表中网格线是为了输入、编辑方便设置的,在预览和打印时不显示网格线,如果要想在预览和打印时显示网格线,就必须进行设置。

选择要进行表格线设置的单元格区域,单击图 8-19 中的"边框"按钮,在弹出的快捷菜单中选择"其他边框"命令,打开"设置单元格格式"对话框,默认选中"边框"选项卡,可以设置线条样式、线条颜色和具体的边框位置,如图 8-20 所示。

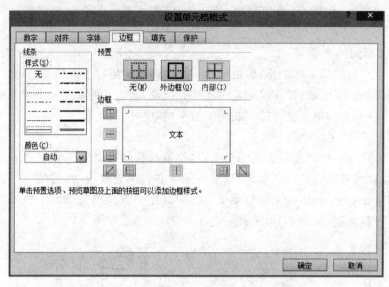

图 8-20　利用设置单元格格式对话框设置边框

(2) 在"对齐方式"中可以设置顶端对齐、垂直居中、底端对齐、左对齐、居中、右对齐、方向、减少缩进量、增加缩进量、自动换行以及合并后居中。

(3) 在"数字"组中,可以设置各种数字格式。

选择要进行数字格式设置的单元格,单击图 8-19 中"数字"组右下角的小按钮,打开"设置单元格格式"对话框,默认选中"数字"选项卡,可以设置数字分类,如数值、货币、日期、时间、百分比、分数、科学记数、文本、特殊和自定义,单击"数值",可以设置小数位数、是否使用千位分隔符以及负数的表示方法,如图 8-21 所示。

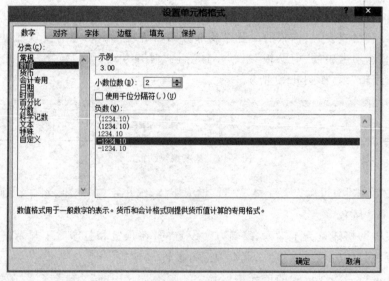

图 8-21　利用设置单元格格式对话框设置数字

（4）在"编辑"组中，可以设置自动求和、填充、清除、排序和筛选以及查找和选择。

4．表格计算

（1）公式计算

选择放置计算结果的单元格，按键盘上的"＝"键，在编辑栏输入公式，如图 8-22 所示，此例中在 G3 单元格中输入"＝E3＋F3"，按回车键完成公式计算，计算结果显示在 G3 单元格中。

	× ✓ fx	=E3+F3					
	B	C	D	E	F	G	H
	学号	姓名	性别	高数	英语	总成绩	名次
	1	张三	男	86	75	=E3+F3	
	2	李四	女	96	78		中
	3	王五	男	74	86		
	4	赵六	男	65	65		
	5	钱七	女	85	65		
	6	孙一	男	96	87		

图 8-22　公式计算界面

（2）函数计算

函数是一些预定义的公式，使用一些称为参数的特定数值按特定的顺序或结构进行计算。例如，SUM 函数对单元格或单元格区域进行加法运算，AVERAGE 函数返回其参数的算术平均值，COUNT 函数计算包含数字的单元格以及参数列表中的数字的个数。

在"功能区"中，"公式"选项卡的"函数库"组，如图 8-23 所示，单击"插入函数"按钮，打开"插入函数"对话框，在对话框中可以搜索需要的函数，如图 8-24 所示，然后单击"确定"按钮进入具体的函数，选择或输入具体的函数参数。

图 8-23　插入函数功能按钮

5．编辑图表

图表具有较好的视觉效果，可以方便用户查看数据的差异、图案和预测趋势。

（1）创建图表

在工作表编辑区内选择需要创建图表的数据区域，在功能区中，直接选择"插入"选项卡"图表"组中的图表类型，创建不同类型的图表，如图 8-25 所示。

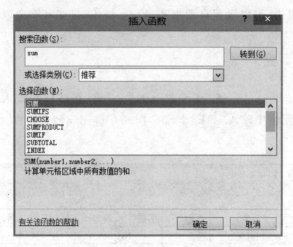

图 8-24 "插入函数"对话框

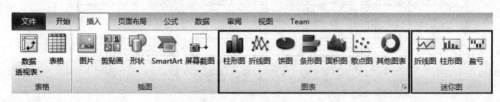

图 8-25 创建图表

也可以单击图 8-25 中"图表"组右下角的小按钮,打开"插入图表"对话框,可以利用"插入图表"对话框插入不同类型图表,如图 8-26 所示。

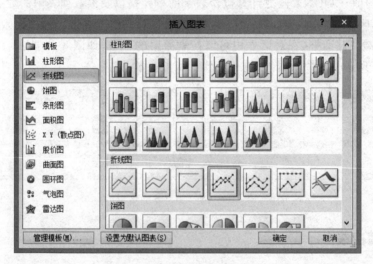

图 8-26 "插入图表"对话框

（2）编辑图表

插入图表以后,选中插入的图表之后,在"功能区"中新出现"图表工具"项目,包含"设计""布局"和"格式"选项卡,如图 8-27 所示。

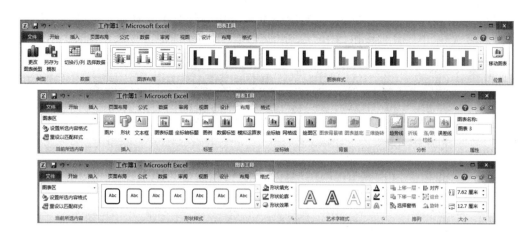

图 8-27　编辑图表

在"设计"选项卡中,可以更改图表类型、选择数据、设置图表布局和图表样式。

在"布局"选项卡中,可以插入图片、形状和文本框,可以设置图表标题、坐标轴标题、图例、数据标签和模拟运算表。可以进行坐标轴的相关设置,还可以设置图表背景。

在"格式"选项卡中,可以设置形状填充、形状轮廓和形状效果等形状样式,还可以进行排列和图表大小设置。

6. 数据管理

数据管理主要包括获取外部数据源、数据的排序、筛选、分类汇总、模拟分析等功能。功能的设置都集中在"功能区"的"数据"选项卡,如图 8-28 所示。

图 8-28　数据管理

还有一个数据透视表功能,功能的设置在"插入"选项卡的"表格"组中,如图 8-29 所示。

图 8-29　数据透视表

（1）排序

单列简单排序可以利用"数据"选项卡"排序和筛选"组中"升序"和"降序"按钮直接进行排序。

需要进行多列数据排序的清单中，单击数据表中的任意单元格，选中"数据"选项卡"排序和筛选"组中"排序"按钮，打开"排序"对话框，利用对话框进行排序设置，如图8-30所示。

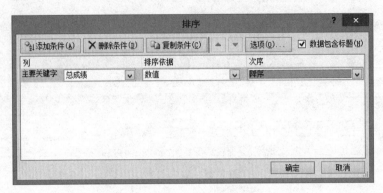

图8-30　"排序"对话框

（2）筛选

筛选是查找和处理数据清单中数据子集的快捷方法。筛选清单仅仅显示满足条件的行，该条件由用户针对某列指定，筛选与排序不同，筛选并不重新排列清单，只是暂时隐藏不必要显示的行。

• 自动筛选

将光标定位到工作表数据清单中的任一位置，单击图8-29中"排列和筛选"组的"筛选"按钮，在每个字段旁边将显示自动筛选箭头，如图8-31所示，单击自动筛选箭头将显示该列中所有的可见项目清单，通过从清单中为特定列选择一个项目，可以立刻隐藏所有不包含选定值的行。

学号	姓名	性别	高数	英语	政治	总成绩	名次
1	张三	男	86	75	69	230	2
2	李四	女	96	78	86	260	1
3	王五	男	74	86	60	220	3
4	赵六	男	65	65	65	195	4

图8-31　自动筛选

如果筛选条件复杂，不能直接从项目清单中选择，可以选择项目清单中的"数字筛选"→"自定义筛选"，弹出"自定义自动筛选方式"对话框，进行更详细的筛选条件。

• 高级筛选

可以使用高级筛选命令对单个列应用多个条件、对多个列应用多个条件或通过公式创建筛选条件。将光标定位到工作表数据清单中的任一位置，单击图8-29中"排列和筛选"组的"高级"按钮，可以进行数据的高级筛选。

（3）分类汇总

进行分类汇总前，数据清单中必须包含带有标题的列，并且数据清单必须在要进行分类汇总的列上排序。

将光标定位到工作表数据清单的任一位置,如图 8-32 所示,单击图 8-29 中"分级显示"组的"分类汇总"按钮,弹出"分类汇总"对话框,如图 8-33 所示。

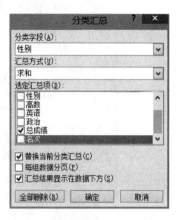

学号	姓名	性别	高数	英语	政治	总成绩	名次
1	张三	女	86	75	69	230	2
2	李四	女	96	78	86	260	1
3	王五	男	74	86	60	220	3
4	赵六	男	65	65	65	195	4

图 8-32　数据清单　　　　　　　　　　　　　　图 8-33　"分类汇总"对话框

在"分类汇总"对话框中,选择"分类字段""汇总方式""选定汇总项"等,然后单击"确定"按钮,完成分类汇总,如图 8-34 所示。

		A	B	C	D	E	F	G	H	I
1					某班期末成绩					
2			学号	姓名	性别	高数	英语	政治	总成绩	名次
3			1	张三	女	86	75	69	230	3
4			2	李四	女	96	78	86	260	2
5					女 汇总				490	
6			3	王五	男	74	86	60	220	4
7			4	赵六	男	65	65	65	195	5
8					男 汇总				415	
9					总计				905	

图 8-34　分类汇总结果

8.3　PowerPoint 2010 软件

PowerPoint 2010 是 Microsoft 公司 Office 办公软件中的重要模块之一,是一个专门制作演示文稿(幻灯片)的软件,能够制作集文字、图形、图像、图表、声音和视频于一体的多媒体演示文稿。

8.3.1　PowerPoint 2010 启动窗口界面

窗口界面由快捷访问工具栏、功能区、文件按钮、状态栏、标尺、滚动条、视图切换区和比例缩放区组成,如图 8-35 所示。

图 8-35 界面组成

快捷访问工具栏主要包括一些常用命令,例如 PowerPoint、"保存""撤销""恢复"按钮。最右侧有一个下拉按钮,单击此按钮,在弹出的下拉列表中可以添加其他常用命令。

功能区主要包括"开始""插入""设计""切换""动画""幻灯片放映""审阅""视图"和"格式"等选项卡,以及工作时需要用到的命令。

文件按钮是一个类似于菜单的按钮,单击文件按钮可以打开"文件"面板,包含"信息""最近""新建""打印""共享""关闭"和"保存"等常用命令。

编辑区是工作界面中最大的区域,在此可以对幻灯片的内容进行编辑。

视图区是编辑栏左侧的区域,默认视图方式为"幻灯片"视图,单击"大纲"按钮可以切换到大纲视图,在此栏中可以轻松实现幻灯片的整张复制与粘贴,插入和删除新幻灯片等操作。

8.3.2 PowerPoint 2010 主要功能

1. 创建演示文稿

单击"文件"按钮,在弹出的菜单中选择"新建",可以选择新建"空白演示文稿",根据"样本模板"创建演示文稿,根据"主题"创建演示文稿,也可以选择从 office.com 上搜索模板,如图 8-36 所示。

图 8-36　创建演示文稿

2．基本编辑

PowerPoint 文档中最基本的编辑操作，包括幻灯片的新建、剪贴板使用、字体的设置、段落的设置、绘制基本图形以及部分编辑等功能的设置都集中在"功能区"的"开始"选项卡"幻灯片"组、"字体"组、"段落"组、"绘图"组以及"编辑"组，如图 8-37 所示。

图 8-37　基本编辑功能

（1）在"字体"组中可以设置字体、字号、增大字体、缩小字体、加粗、斜体、下画线、删除线、字符间距、更改大小写和字体颜色等。

（2）在"段落"组中可以设置项目符号、编号、降低列表级别、提高列表级别、行距、文字方向、对齐文本、顶端对齐等。

（3）在"绘图"组中，可以绘制各种图形、排列、快速样式、形状填充、形状轮廓和形状效果。

（4）在"编辑"组中，可以设置查找、替换和选择。

3．插入对象

插入对象主要包括文本的插入和编辑、表格的插入、剪贴画和图片的插入、音频和视频的插入以及组织结构图和各种基本图形的插入，功能的设置都集中在"功能区"的"插入"选项卡的"图像"组、"插图"组、"文本"组、"符号"组和"媒体"组，如图 8-38 所示。

（1）在"图像"组中，可以插入来自文件的图片和剪贴画，还可以设置屏幕截图和相册。

（2）在"插图"组中，可以设置插入各种形状、组织结构图和图表。

图 8-38 插入对象

（3）在"文本"组中，可以插入文本框、页眉和页脚、艺术字、日期和时间、幻灯片编号和对象。

（4）在"符号"组中，可以插入特定公式和特殊符号。

（5）在"媒体"组中，可以插入特定视频文件和音频文件。

4．背景设置

可以通过更改幻灯片的颜色、阴影、图案或者纹理，改变幻灯片的背景。功能的设置都集中在"功能区"的"设计"选项卡的"主题"组、"背景"组，如图 8-39 所示。

图 8-39 背景设置

选中其中某一张幻灯片，在"功能区"中，单击"设计"选项卡，在"主题"组中任选一种主题样式，可以更改页面背景，如图 8-40 所示。

图 8-40 利用主题设置页面背景

可以单击图 8-40 中"背景"组右下角的小按钮，打开"设置背景格式"对话框，可以使用"纯色填充"设置背景，如图 8-41 所示，可以使用"渐变填充"设置背景，如图 8-42 所示，可以使用"图片或纹理填充"设置背景，如图 8-43 所示，可以使用"图案填充"设置背景，如图 8-44 所示。

5．动画设置

可以使幻灯片中的文本、图形、图像、图表和其他对象具有动画效果，这样就可以突出重点、控制信息流，并增加演示文稿的趣味性。功能的设置都集中在"功能区"的"动画"选项卡的"动画"组、"高级动画"和"计时"组，如图 8-45 所示。

选中需要设置动画效果的对象，可以直接在图 8-45 中的"动画"组选择一种动画效果，完成动画设置。

图 8-41　利用纯色填充设置页面背景

图 8-42　利用渐变填充设置页面背景

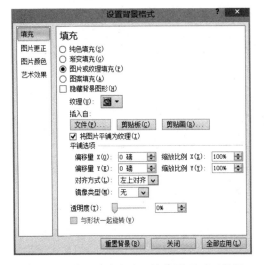

图 8-43　利用图片或纹理填充设置页面背景

图 8-44　利用图案填充设置页面背景

图 8-45　动画设置选项卡

　　也可以单击图 8-45 中的"高级动画"组中"添加动画"按钮,设置更多的动画效果,如图 8-46 所示。可以单击图 8-45 中的"高级动画"组中"动画窗格"按钮,在窗口右侧出现"动画窗格"的任务窗格,显示所有已经设置动画效果的对象动画,如图 8-47 所示。

在如图 8-47 中选择任意一个已经设置动画效果的对象动画,单击此对象动画右侧的下拉箭头,弹出一个菜单,选择"效果选项"命令,如图 8-48 所示,弹出动画效果"出现"的对话框,默认停留在"效果"选项卡,可以设置动画是否伴随声音、动画播放后的效果,包括其他颜色、不变暗、播放动画后隐藏和下次单击后隐藏,如图 8-49 所示。

图 8-46　高级动画设置

图 8-47　动画窗格

图 8-48　动画效果选项

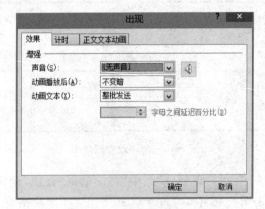

图 8-49　设置动画效果

单击图 8-49 中的"计时"选项卡,进入"计时"设置对话框,如图 8-50 所示,可以设置开始方式,包括单击时开始、与上一动画同时开始、上一动画之后开始,可以设置延迟秒数。

如果已经设置动画效果的动画对象是文本,还可以设置"正文文本动画",单击图 8-49 中的"正文文本动画"选项卡,进入"正文文本动画"设置对话框,如图 8-51 所示。

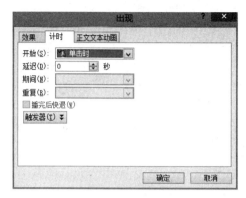

图 8-50　设置动画计时

图 8-51　设置正文文本动画效果

6. 幻灯片放映设置

幻灯片放映设置主要包括如何开始放映幻灯片以及设置幻灯片放映方式,功能的设置都集中在"功能区"的"幻灯片放映"选项卡的"开始放映幻灯片"组和"设置"组中,如图 8-52 所示。

图 8-52　幻灯片放映设置

在"开始放映幻灯片"组中,可以设置从头开始放映,从当前幻灯片开始放映、广播幻灯片,自定义幻灯片放映。

在"设置"组中,可以设置幻灯片放映方式、隐藏幻灯片、排练计时、录制幻灯片演示以及是否使用播放旁白、是否使用计时和是否显示媒体控件。

8.4　WPS Office 软件

WPS Office 是由金山软件股份有限公司自主研发的一款办公软件套装,可以实现办公软件最常用的文字、表格、演示等多种功能。具有内存占用低、运行速度快、体积小巧、强大插件平台支持、

免费提供海量在线存储空间及文档模板、支持阅读和输出 PDF 文件、全面兼容微软 Office 97—2010 格式（doc/docx/xls/xlsx/ppt/pptx 等）独特优势。覆盖 Windows、Linux、Android、iOS 等多个平台。

8.4.1　WPS 特色功能

1. WPS Office 文字特殊功能

（1）文字八爪鱼
优化段落布局编辑框和关闭按钮，鼠标操作更直接。
（2）回到上一次编辑位置
WPS 文字回到上一次编辑位置功能，智能记忆上一次编辑位置，继续编辑更方便。
（3）脚注尾注增加格式
WPS 文字脚注尾注格式，可以直接使用脚注尾注。

2. WPS Office 表格特色功能

（1）突出显示
成千上万的数据，如何才能找到需要的关键信息？用"突出显示"，单击几下鼠标，这些信息立即醒目地呈现在用户的面前。
（2）支持多行多列重复项设置
WPS 表格支持多行多列重复项设置，在多行多列区域中设置高亮显示重复值，拒绝录入重复值，可快速查找重复数据，有效防止数据重复录入。
（3）阅读模式
方便查看与当前单元格处于同一行和列的相关数据。

3. WPS Office 演示特色功能

（1）范文库
提供海量范文。
（2）幻灯片库
幻灯片库内容更加精美。
（3）自定义母版字体
自定义母版字体从根本上解决对字体设置的个性化需求。

8.4.2　WPS 2013 更新

1. 打开 PDF 格式文档

在 WPS 里阅读 PDF 文档，还可以将 PDF 文档转换成 Word 文档。

2. 崩溃恢复优化

WPS 轻松一键恢复所有文档。

3. 文档漫游

已支持手动漫游、自动漫游两种模式兼顾文档存到云端的便利性和可控性。

4. 翻译

WPS 具有强大的文字翻译功能。

8.4.3　WPS 2013 界面

WPS 2013 的窗口界面与 Microsoft 公司的 Office 2010 的窗口界面非常相近，下面仅仅以 WPS 文字 2013 为例进行介绍。WPS 文字 2013 的窗口界面如图 8-53 所示。

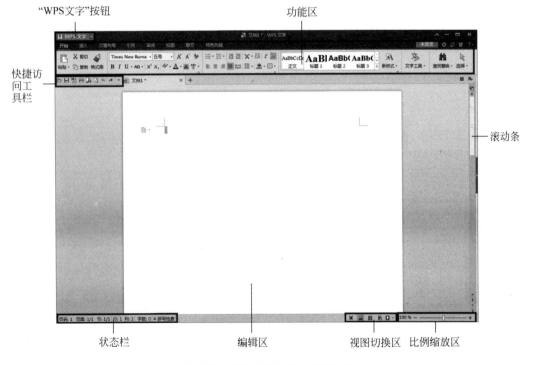

图 8-53　WPS 文字 2013 界面组成

界面也是由快捷访问工具栏、功能区、"WPS 文字"按钮、状态栏、标尺、滚动条、视图切换区和比例缩放区组成。

参 考 文 献

[1]　Excel Home. Word 2010 实战技巧精粹[M]. 北京：人民邮电出版社,2012.

[2]　荣胜军. Word 2010 实用技巧大全[M]. 北京：电子工业出版社,2014.

[3]　龙马工作室. Word/Excel 2010 办公应用实战从入门到精通[M]. 北京：人民邮电出版社,2014.

[4]　Excel Home. Excel 2010 数据处理与分析实战技巧精粹[M]. 北京：人民邮电出版社,2013.

[5]　谢华,冉洪艳. PowerPoint 2010 标准教程[M]. 北京：清华大学出版社,2012.

[6]　王作鹏. PowerPoint 2010 从入门到精通[M]. 北京：人民邮电出版社,2013.

[7]　教育部考试中心. 计算机基础及 WPS Office 应用[M]. 北京：高等教育出版社,2013.

第 9 章

计算机应用实例

目前计算机的应用领域已经从数学计算领域逐步发展到社会的各行各业,改变着传统的工作、学习和生活方式。计算机科学技术的发展带动了整个科学技术的发展,从新型材料研制到体育竞技运动,从宇宙空间的探索到生物技术的应用等各个领域都能看到最新计算机技术的应用实例。"未来的世界是计算机科学的世界。"

计算机的主要应用领域如下:

- 科学计算(或数值计算):科学计算是指利用计算机来完成科学研究和工程技术中提出的数学问题的计算。在现代科学技术工作中,科学计算问题是大量的和复杂的,例如天气预报、地震和海啸的预警等都需要能够高速运行的计算机系统。人们利用计算机的高速计算、大存储容量和连续运算的能力,实现人工无法解决的各种科学计算问题。
- 数据处理(或信息处理):数据处理是指对各种数据进行收集、存储、整理、分类、统计、加工、利用、传播等一系列活动的统称。据统计,75%以上的计算机主要用于数据处理,因为需要处理数据的格式种类多,数据量大,这就决定了计算机应用的主导方向是数据处理。例如,在人口普查、金融、银行、期货和股市等行业需要大容量快速处理数据的计算机系统。
- 图像应用(或电子艺术):计算机应用领域已经从科学计算领域和数据处理领域不断地向其他行业延伸,例如,在图像处理、影像动画制作、音乐模拟与合成等都有计算机应用实例。

本章主要介绍使用 Word、Excel 和 MATLAB 软件在数据处理方面的应用,用具体的实例讲解方程与方程组的求解、最小二乘法与线性相关处理、图形处理等内容。

9.1　Word 与 Excel 的应用

9.1.1　方程组求解

线性方程组

$$\begin{cases} a_{11}x_1 + a_{12}x_2 + \cdots + a_{1n}x_n = b_1 \\ a_{21}x_1 + a_{22}x_2 + \cdots + a_{2n}x_n = b_2 \\ \vdots \\ a_{m1}x_1 + a_{m2}x_2 + \cdots + a_{mnx_n} = b_m \end{cases}$$

线性方程组可以用矩阵的形式表示为：

$$AX = B$$

A 表示方程系数阵 $\begin{bmatrix} a_{11} + a_{12} + \cdots + a_{1n} \\ a_{21} + a_{22} + \cdots + a_{2n} \\ \vdots \\ a_{m1} + a_{m2} + \cdots + a_{mn} \end{bmatrix}$

B 表示方程常数阵 $\begin{bmatrix} b_1 \\ b_2 \\ \vdots \\ b_n \end{bmatrix}$

X 表示方程变量阵 $\begin{bmatrix} x_1 \\ x_2 \\ \vdots \\ x_n \end{bmatrix}$

矩阵的解表示为：$X = A'B$，其中 A' 是系数阵的逆矩阵，用两矩阵相乘可以得到解。

已知方程组

$$\begin{cases} 2x_1 + 6x_2 - x_3 = -12 \\ 5x_1 - x_2 + 2x_3 = 29 \\ -3x_1 - 4x_2 + x_3 = 5 \end{cases} \tag{9-1}$$

用方程变量的系数组成一个系数阵

$$A = \begin{bmatrix} 2 & 6 & -1 \\ 5 & -1 & 2 \\ -3 & -4 & 1 \end{bmatrix} \tag{9-2}$$

用方程的常数项组成一个常数阵

$$B = \begin{bmatrix} -12 \\ 29 \\ 5 \end{bmatrix} \tag{9-3}$$

把方程系数阵的数据和常数阵的数据写入 Excel 的工作表中，如图 9-1 所示。

从 A2 单元格开始填写方程系数阵的数据到 C4 单元格结束，从 A2 单元格到 C4 单元格这个区域称为系数数组。在 F2 单元格开始填写常数阵数据，至 F4 单元格结束，从 F2 单元格到 F4 单元格这个区域称为常数数组。

用系数阵的数据求它的逆矩阵，在 A7 单元格输入求解逆矩阵的 MINVERSE 函数，函数 MINVERSE(A2:C4) 应返回一个逆矩阵数据，输入"=MINVERSE(A2:C4)"后，按回车键在 A7 单元格显示一个数据，如图 9-2 所示。

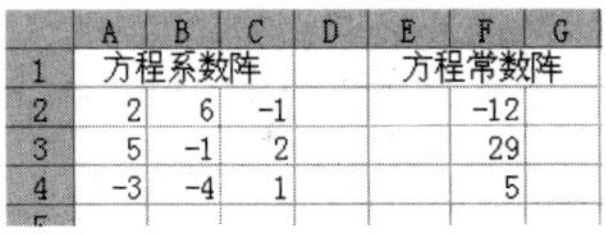

图 9-1 方程数据表

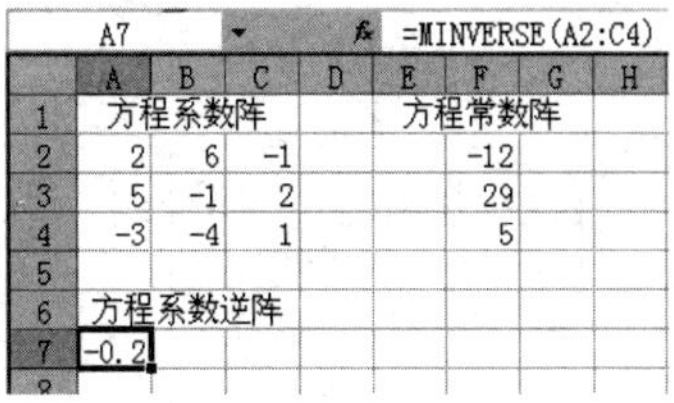

图 9-2 输入函数

把 A7 单元格的数据用拖动复制的方法将 A7 单元格复制到 C9 单元格的区域，如图 9-3 所示。

按 F2 键，再按 Ctrl＋Shift＋Enter 组合键，从 A7 单元格到 C9 单元格的区域显示逆矩阵 $\mathbf{A}'$ 的数据，如图 9-4 所示。

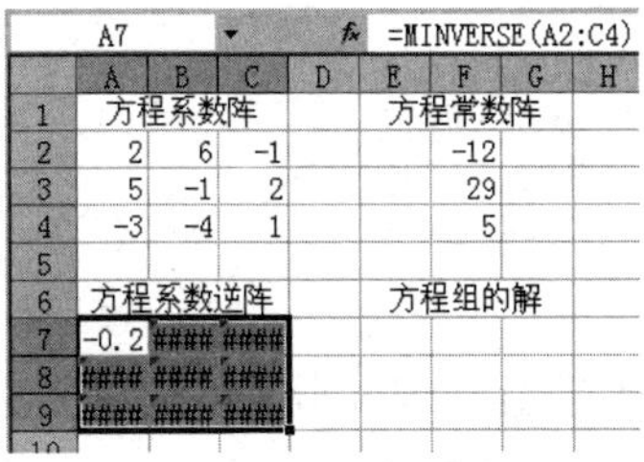

图 9-3 生成逆矩阵

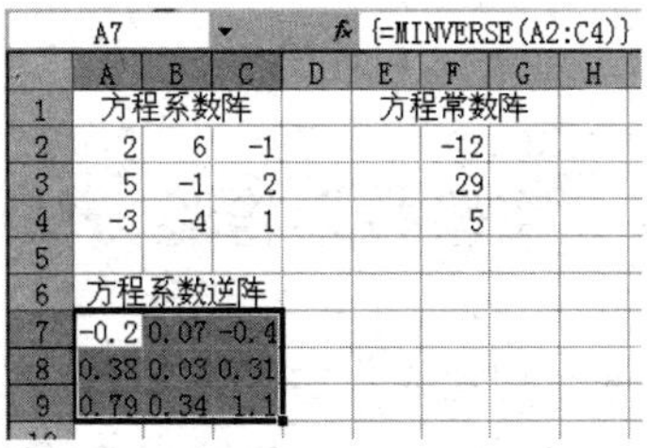

图 9-4 显示逆矩阵

在 F7 单元格输入矩阵相乘的函数 MMULT，函数 MMULT(A7:C9,F2:F4)的 A7:C9 是逆矩阵的数据区域，F2:F4 是常数阵的数据区域，函数 MMULT(A7:C9,F2:F4)返回两个矩阵相乘的结果。在 F7 单元格输入"＝MMULT(A7:C9,F2:F4)"后按 Enter 键显示一个数据，并把 F7 单元格的数据用拖动复制的方法复制到 F7 单元格到 F9 单元格的区域，如图 9-5 所示。

按 F2 键，再按 Ctrl＋Shift＋Enter 组合键，从 F7 单元格到 F9 单元格的区域显示方程解的数据，如图 9-6 所示。

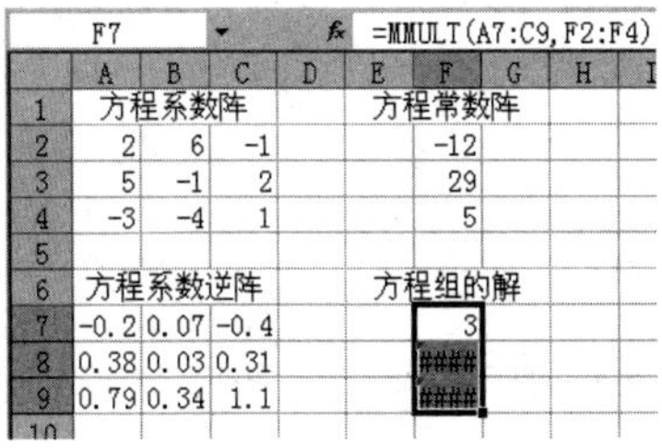

图 9-5 生成方程解

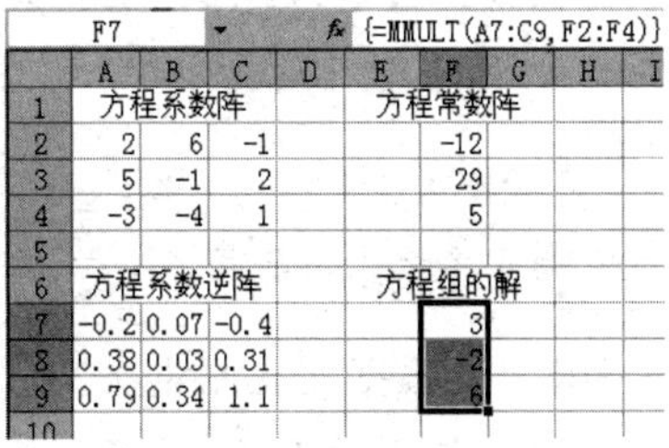

图 9-6 显示矩阵解

方程组(9-1)的解系：$X_1＝3,X_2＝-2,X_3＝6$。

用流程图描述线性方程组的求解过程，如图 9-7 所示。

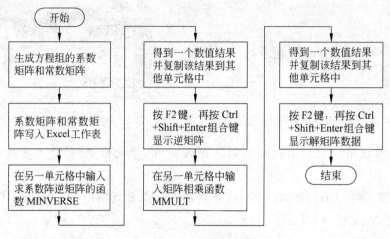

图 9-7　方程求解流程图

9.1.2　实验数据检验方法

在进行物理或化学等实验后,对获取的实验数据需进行整理和分析,为保证实验数据的可靠性和精确性需要剔除实验数据中的可疑数据。在实验数据中某个实验数据值与其他的实验数据值相差较远,称该数据为可疑数据。可疑数据产生有许多种原因,判断可疑数据的准则也有多个。采用 Grubbs(格拉布斯)方法检验实验数据是判断可疑数据的准则之一,用 Grubbs 方法检验实验数据的步骤一般采用 5 步骤并需要 G 值表。采用 Grubbs 方法检验实验数据因引入标准偏差算法等,计算工作量比较大,所以把各种计算公式预先写入 Excel 工作表中对减少计算工作量是十分必要的。

Grubbs 检验步骤如下:

- 步骤 1　把实验数据从小到大排序,$x_1, x_2, \cdots, x_{n-1}, x_n$。
- 步骤 2　计算实验数据的平均值 $\bar{x}$ 及标准偏差 σ。
- 步骤 3　确定检验值,也就是确定可疑值。先计算最大值与相邻值的差值 $x_n - x_{n-1}$,最小值与相邻值的差值 $x_2 - x_1$;两个差值较大的为可疑值,可以先拿来检验。
- 步骤 4　计算舍弃商 G,$G = \dfrac{|x_{可疑} - \bar{x}|}{\sigma}$。
- 步骤 5　根据实验测定次数和选用的可信度查 G 值表,如果舍弃商 G 值大于或等于对应查 G 值表的值,可疑值将被放弃不用。

用 Excel 来实现完成复杂的计算工作,把步骤 1、步骤 2、步骤 4 和步骤 5 的计算公式事先输入到 Excel 的工作表中,把可疑的实验数据输入到指定的单元格中,计算机给出该数据是否应该"保留"的提示。整个方案如图 9-8 所示。

G 值表的数据很多,这里只显示了 10 项数据,G 值表如表 9-1 所示。从 C1 单元格到

	A	B	C	D	E	F	G	H	I	J	K	L	M
1	测定次数	n	1	2	3	4	5	6	7	8	9	10	1
2	置信度	95%	1.15	1.15	1.15	1.46	1.67	1.82	1.94	2.03	2.11	2.18	2.
3		99%	1.14	1.14	1.14	1.49	1.75	1.94	2.1	2.22	2.32	2.41	2.
4	测量数据	80.02	80.12	80.15	80.18	80.20	80.35						
5	偏差	0.10844											
6	舍弃商	1.65985											
7	置信度95	1.82											
8	置信度99	1.94											
9	可疑数据	80.35											
10	结论	保留											

图 9-8　数据检验方法结构

V1 单元格写入 1,2,3,…,19,20 的数据,从 C2 单元格到 V2 单元格写入置信度 95%的数据,从 C3 单元格到 V3 单元格写入置信度 99%的数据,B4 单元格到 G4 单元格写入实验数据。

B9 单元格中是输入可疑值的地方。

B5 单元格写入计算标准偏差的公式:“=STDEV(B4:G4)”,该函数返回一个数值。

B6 单元格写入计算舍弃商的公式:“=ABS(B9-AVERAGE(B4:G4))/B5”。

B7 单元格写入计算可疑值对应的置信度 95%数据的公式:“=LOOKUP(MATCH(B9,B4:G4),C1:V1,C2:V2)”。

表 9-1　*G* 值表

测定次数	*N*	1	2	3	4	5	6	7	8	9	10
置信度	95%	1.15	1.15	1.15	1.46	1.67	1.82	1.94	2.03	2.11	2.18
	99%	1.15	1.15	1.15	1.49	1.75	1.94	2.10	2.22	2.32	2.41
测定次数	*N*	11	12	13	14	15	16	17	18	19	20
置信度	95%	2.23	2.29	2.33	2.37	2.41	2.44	2.47	2.50	2.53	2.56
	99%	2.48	2.55	2.61	2.66	2.71	2.75	2.79	2.82	2.85	2.88

MATCH 函数的用途:返回在指定方式下与指定数值匹配的数组中元素的相应位置。

LOOKUP 函数的用途:在数组的第一行或第一列中查找指定数值,返回相同位置处的数值。

B8 单元格写入计算可疑值对应的置信度 99%数据的公式:“=LOOKUP(MATCH(B9,B4:G4),C1:V1,C3:V3)”。

B10 单元格写入计算舍弃商是否需要保留的公式:“=IF(B6<B7,“保留”,“放弃”)”。该公式的含义是:如果计算的 G 值小于对应的置信度 95%数据,则该数据保留,否则丢弃该数据。

只要在 B9 单元格中输入可疑值,在 B10 单元格显示该数据是否应该保留还是丢弃。用流程图描述制作 Grubbs 检验实验数据过程,如图 9-9 所示。

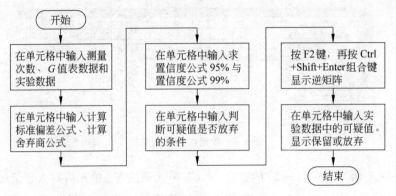

图 9-9   Grubbs 检验实验数据过程

9.1.3 非线性方程求解

1. 用牛顿法迭代求非线性方程的解

设非线性方程式：

$$f(x) = a_0 + a_1 x + a_2 x^2 + a_3 x^3 + \cdots + a_n x^n = 0$$

把 $f(x)$ 在 x_0 点附近展开成泰勒级数

$$f(x) = f(x_0) + (x - x_0) f'(x_0) + (x - x_0)^2 \frac{f''(x_0)}{2!} + \cdots$$

取线性部分作为非线性的方程 $f(x)$ 在 x_0 处的近似方程

$$f(x_0) + (x - x_0) f'(x_0) = 0$$

设

$$f'(x_0) \neq 0$$

则有

$$x_1 = x_0 - f(x_0) / f'(x)$$

如此循环得到牛顿法的一个迭代序列公式

$$x_{n+1} = x_n - \frac{f(x_n)}{f'(x_n)}$$

当 $|x_{n+1} - x_n| < \varepsilon$，认为 x_n 是该方程的解。关于判断一个迭代序列的收敛问题和收敛速度及几何意义可以参考有关计算方法的书籍。

已知非线性方程：

$$f(x) = 3x^3 - 4x^2 - 5x + 13 = 0 \tag{9-4}$$

求该方程的导函数

$$f'(x) = 9x^2 - 8x - 5 = 0$$

使用牛顿法迭代公式求方程解的公式

$$x_1 = x_0 - \frac{f(x_0)}{f'(x_0)} = x_0 - \frac{3x_0^3 - 4x_0^2 - 5x_0 + 13}{9x_0^2 - 8x - 5}$$

在 Excel 工作表中的 A2 单元格填写方程的初值,该初值对应公式中的 x_0,在本例题填写数字 1。

在 B2 单元格填写方程式"＝A2－(3 * A2^3－4 * A2^2－5 * A2＋13)/(9 * A2^2－8 * A2－5)"。

在 C2 单元格填写方程式"＝IF(ABS(A2－B2)＜0.000001,ROUND(A2,3),"－")"。

在 A3 单元格填写"＝B2"。

以上步骤填写完后产生的结果如图 9-10 所示。

同时选中 B2 单元格和 C2 单元格并将它们复制到 B3 单元格和 C3 单元格,如图 9-11 所示。

同时选中 A3 单元格、B3 单元格和 C3 单元格并用拖动复制的方法将它们复制到 A4 单元格、B4 单元格和 C4 单元格,……,直到 C 栏出现数值。C 栏出现"－"符号表示不满足 $|x_{n+1}－x_n|＜\varepsilon$ 的要求,需要继续拖动复制单元格的内容,如图 9-12 所示。

图 9-10　方程初始数据状态

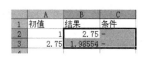

图 9-11　复制单元格

图 9-12　产生方程的解

使用循环引用的方法也可以完成方程求解,所谓的循环引用是 A2 单元格使用 B2 单元格的内容,同时 B2 单元格使用 A2 单元格的内容。Excel 默认状态是不允许进行这样的引用,可以通过改变系统参数使得 Excel 允许进行这样的引用,怎样改变系统参数放在后面讲述。

在 A2 单元格填写方程初始值。该初值对应公式中的 x_0,在本例题中填写数字 1。

在 B2 单元格填写方程求解公式"＝A2－(3 * A2^3－4 * A2^2－5 * A2＋13)/(9 * A2^2－8 * A2－5)",执行的结果如图 9-13 所示。

修改 A2 单元格里的内容,将数字 1 改为"＝b2",如图 9-14 所示。

修改完 A2 单元格里的内容后按回车键,A2 单元格和 B2 单元格里的内容均发生变化,同时显示方程的解,如图 9-15 所示。

图 9-13　方程初始数据状态

图 9-14　修改初始值

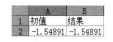

图 9-15　显示方程的解

修改系统参数的步骤如下:

在菜单项中选择"工具"子菜单项,在"工具"子菜单项选择"选项","选项"窗口里的内容,如图 9-16 所示。

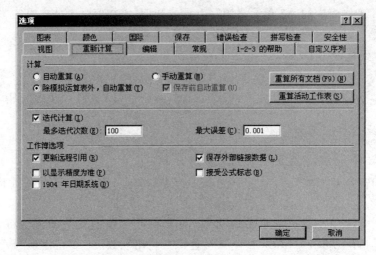

图 9-16 "选项"窗口

在"选项"窗口内选中"自动重算"单选框,选中"迭代计算(I)"复选框,按"确定"按钮。

通过改变"最多迭代次数"文本框的内容改变重复相互引用的次数。

2. 用迭代法求非线性方程的解

使用迭代法求非线性方程解的方法同使用牛顿法迭代方法类似,使用迭代法求方程解首先要将方程式(9-4)改写为

$$x = ((4x^2 + 5x - 13)/3)^{\frac{1}{3}} \tag{9-5}$$

在 Excel 工作表中的 A2 单元格填写方程的初值,该初值对应公式中的 x_0,在本例题填写数字 1。

在 B2 单元格填写方程式"=((4 * A2^2+5 * A2−13)/3)^(1/3)"。

在 C2 单元格填写方程式"=IF(ABS(A2−B2)<0.000001,ROUND(A2,3),"−")"。

在 A3 单元格填写"=B2"。

以上步骤填写完后产生的结果如图 9-17 所示。

同时选中 B2 单元格和 C2 单元格并将它们复制到 B3 单元格和 C3 单元格,如图 9-18 所示。

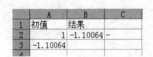

图 9-17 方程初始数据状态

图 9-18 复制单元格

同时选中 A3 单元格、B3 单元格和 C3 单元格并用拖动复制的方法将它们复制到 A4 单元格、B4 单元格和 C4 单元格,……,直到 C 栏出现数值,如图 9-19 所示。

使用迭代法求方程解的过程与使用牛顿法求方程解的过程相似，但它们迭代的次数却不同，牛顿法使用 32 次迭代得到结果，迭代法只用 12 次迭代就获得结果。

使用循环引用的方法也可以满足方程式（9-5）的求解要求，读者可以按上面描述循环引用的方法自行完成方程求解。

用流程图描述用迭代法求方程解过程，如图 9-20 所示。

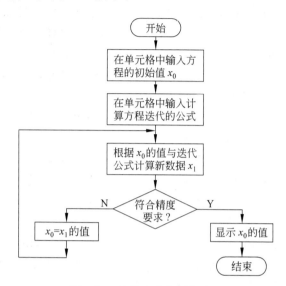

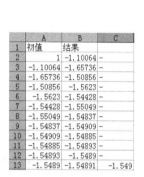

图 9-19　显示方程的解

图 9-20　迭代法求方程解过程

9.1.4　简单线性回归方程求解

实验数据点的线性拟合是一般实验数据处理经常采用的方法。在实验中用多个数据点拟合成直线的模型是

$$y = a + bx \tag{9-6}$$

式（9-6）称为回归方程。

回归方程系数 a 与 b 的推导过程在本书中不讲述，请参考相关的书籍。

回归方程系数 b 由公式

$$b = \frac{n \sum xy - \left(\sum x \right) \left(\sum y \right)}{n \sum x^2 - \left(\sum x \right)^2} \tag{9-7}$$

得出。

回归方程系数 a 由公式

$$a = \frac{\sum y - b \sum x}{n} \tag{9-8}$$

得出。

将表 9-2 中显示的实验数据用线性回归方程表示，即用公式（9-6）表示。

表 9-2 实验数据表

X	5.80	5.90	5.60	5.70	6.10	6.80
Y	9.20	9.30	8.80	9.10	13.3	16.7

把实验数据输入到 Excel 工作表中,从 B2 单元格到 G2 单元格中填写实验数据表中 X 方向的数据,从 B3 单元格到 G3 单元格中填写实验数据表中 Y 方向的数据。

在 B4 单元格中输入公式"=B2^2"并将 B4 单元格中的内容拖动复制由 C4 单元格到 G4 单元格。

在 B5 单元格中输入公式"=B2*B3"并将 B5 单元格中的内容拖动复制由 C5 单元格到 G5 单元格。

在 H2 单元格输入公式"=SUM(B2:G2)"。

在 H3 单元格输入公式"=SUM(B3:G3)"。

在 H4 单元格输入公式"=SUM(B4:G4)"。

在 H5 单元格输入公式"=SUM(B5:G5)"。

在 B6 单元格中输入公式"=(6*H5−H2*H3)/(6*H4−H2^2)",对应公式(9-7)。

在 B7 单元格中输入公式"=(H3−B6*H2)/6",对应公式(9-8)。

执行上述操作后在 B6 单元格中显示回归方程系数 b 的值,在 B7 单元格中显示回归方程系数 a 的值,如图 9-21 所示。

	A	B	C	D	E	F	G	H
1	次数	1	2	3	4	5	6	和数
2	X	5.80	5.90	5.60	5.70	6.10	6.80	35.90
3	Y	9.20	9.30	8.80	9.10	13.30	16.70	66.40
4	X²	33.64	34.81	31.36	32.49	37.21	46.24	215.75
5	XY	53.36	54.87	49.28	51.87	81.13	113.56	404.07
6	系数b	7.14587						
7	系数a	−31.689						

图 9-21 求解回归方程系数

根据解得回归方程的系数 a 与 b 的值,可以得到直线方程 $y=-31.689+7.14587x$。

对于任何一组数据都可以用这样的方法拟合出一条曲线,但是有的数据点离直线远而有的数据点离直线近,需要一个判断依据表明数据的线性关系。相关系数是对拟合直线的线性程度的常用判断依据,相关系数的绝对值越接近1,表明数据的线性关系越好。有关相关系数的应用在 9.1.6 节中介绍。

9.1.5 热力学数据处理

利用气体分子运动的麦克斯韦速度分布律,求在 27℃ 下氮分子运动的速度分布曲线,通过图形说明温度 T 及分子量 mu 对速度分布曲线的影响。

麦克斯韦速度分布律:

$$f = 4\pi \left(\frac{m}{4\pi KT} \right)^{3/2} v^2 e^{\left(\frac{-mu^2}{2KT} \right)}$$

参数说明：v 为分子运动速度，取值范围 $0\sim1922$；K 为玻尔兹曼常数，即 $1.38E-23$；NA 为阿伏伽德罗数，即 $6.022E23$；mu 为分子量，氮的分子量为 $2.8E-2$；m 为分子质量，即 mu/NA；T 为绝对温度。

在 A2 单元格输入 0，在 A3 单元格输入 2。采用拖动复制的方法把数据按偶数升序的格式从 A4～A998 单元格全部填充完毕，如图 9-22 中 A 列所表示。

	A	B	C	D	E	F	G	H	I
1	v	K	NA	mu	m	T	T300mu28	T200mu28	T300mu10
2	0	1.38E-23	6.02E+23	2.80E-02	4.65E-26	300	0.00E+00	0.00E+00	0.00E+00
3	2			2.80E-02	4.65E-26	200	1.20E-07	2.20E-07	1.83E-08
4	4			8.00E-03	1.33E-26	300	4.80E-07	8.82E-07	7.33E-08
5	6						1.08E-06	1.98E-06	1.65E-07
6	8						1.93E-06	3.53E-06	2.93E-07
995	1986						2.89E-11	8.50E-16	3.24E-05
996	1988						2.77E-11	7.78E-16	3.21E-05
997	1990						2.65E-11	7.29E-16	3.17E-05
998	1992						2.54E-11	6.83E-16	3.14E-05

图 9-22　速度分布曲线的数据结构

在 B2 单元格填写玻尔兹曼常数。

在 C2 单元格填写阿伏伽德罗数。

在 D2 单元格填写氮分子量。

在 D3 单元格填写氮分子量。

在 D4 单元格填写氦分子量。

在 E2 单元格填写计算分子质量公式"＝D2/\$C\$2"，公式中的 \$C\$2 表示绝对地址引用。

在 E3 单元格填写计算分子质量公式"＝D3/\$C\$2"。

在 E4 单元格填写计算分子质量公式"＝D4/\$C\$2"。

在 F2 单元格、F3 单元格和 F4 单元格分别填写绝对温度 300、200 和 300。

上述的操作如图 9-22 中 B 列到 F 列所表示。

在 G2 单元格填写在 $T=300,mu=2.8E-2$ 条件下计算麦克斯韦速度分布律的公式：

$$= 4 * PI() * (\$E\$2/(2 * PI() * \$B\$2 * \$F\$2))\char94(3/2)$$
$$* EXP(- \$E\$2 * A2\char942/(2 * \$B\$2 * \$F\$2)) * A2\char942$$

在 H2 单元格填写在 $T=200,mu=2.8E-2$ 条件下计算麦克斯韦速度分布律的公式：

$$= 4 * PI() * (\$E\$3/(2 * PI() * \$B\$2 * \$F\$3))\char94(3/2)$$
$$* EXP(- \$E\$3 * A2\char942/(2 * \$B\$2 * \$F\$3)) * A2\char942$$

在 I2 单元格填写在 $T=300,mu=8E-3$ 条件下计算麦克斯韦速度分布律的公式：

$$= 4 * PI() * (\$E\$4/(2 * PI() * \$B\$2 * \$F\$4))\char94(3/2)$$
$$* EXP(- \$E\$4 * A2\char942/(2 * \$B\$2 * \$F\$4)) * A2\char942$$

同时选中 G2 单元格、H2 单元格和 I2 单元格采用拖动复制的方法从 G3 单元格、H3 单元格和 I3 单元格复制数据到 G998 单元格、H998 单元格和 I998 单元格，如图 9-22 中 G 列到 I 列所表示。

根据 G 列到 I 列全体单元格的数据绘出曲线图，如图 9-23 所示。

在温度 $T=300$，分子质量 $mu=0.028$ 的条件下速度分布曲线用虚线表示。在温度降到 $T=200$，在分子质量不变的条件下速度分布曲线用点画线表示，该曲线的形态明显向左移动。在温度 $T=300$，分子质量由 0.028 变到 0.008 的条件下速度分布曲线用实线表示，该曲线的形态明显向右移动。由此可以得知温度的降低使得速度分布曲线左移，分子质量的降低使得速度分布曲线右移。

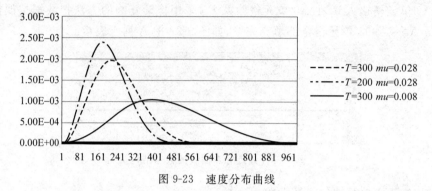

图 9-23　速度分布曲线

9.1.6　简单相关分析

简单相关分析描述变量之间的密切程度而不是函数关系，是一种统计型的协变关系，比如某产品销售量的增加，它的销售利润增加，但销售利润与销售量不是同比例的增加，或者说二者之间的依存关系也不能完全确定。

相关分析经常使用的方法有协方差和密切度两种方法。

协方差是描述两个变量之间协变关系密切程度的一个量数，公式是

$$\text{Cov}(x, y) = \frac{\sum xy - \left(\sum x\right)\left(\sum y\right)/n}{n}$$

密切度描述变量之间协变关系的密切程度，公式是

$$r = \frac{n\sum xy - \left(\sum x\right)\left(\sum y\right)}{\sqrt{\left(n\sum x^2 - \left(\sum x^2\right)\right)\left(n\sum y^2 - \left(\sum y^2\right)\right)}}$$

例如，某集团下属公司销售额与利润额的数据表，如表 9-3 所示。

表 9-3　公司销售额与利润额　　　　　　　　　　　　　　　亿元

公司名称	销售额	利润额	公司名称	销售额	利润额
山东石油公司	151	31	四川石油公司	82	22
广东石油公司	122	27	兰州石油公司	76	18
上海石油公司	115	28	贵州石油公司	64	13
天津石油公司	101	24	青海石油公司	58	11
河北石油公司	96	21	宁夏石油公司	43	9

在 B1 单元格到 K1 单元格填写石油公司的销售额；

在 B2 单元格到 K2 单元格填写石油公司的利润额。

上述的操作如图 9-24 中 B1 单元格到 K1 单元格和 B2 单元格到 K2 单元格所示。

	A	B	C	D	E	F	G	H	I	J	K
1	销售额	151	122	115	101	96	82	76	64	58	43
2	利润额	31	27	28	24	21	22	18	13	11	9
3	协方差	214.08									
4	密切度	0.9645									

图 9-24　相关分析数据结构

在 B3 单元格填写 Excel 提供计算协方差的函数"＝COVAR(B1:K1,B2:K2)";

在 B4 单元格填写 Excel 提供计算密切度的函数"＝CORREL(B1:K1,B2:K2)"。

上述的操作如图 9-24 中 B3 单元格和 B4 单元格所示。

协方差的数据 214.08 说明销售与利润是正协变关系。密切度数据 0.9645 说明销售额与利润额有很强的正相关。

使用销售额和利润额数据制作一幅散点图,通过个点的分布走向和密集度可以大致了解两个变量协变关系的类型。用销售额和利润额数据制作散点图,如图 9-25 所示。

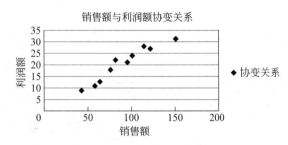

图 9-25　销售额与利润额的散点图

利用相关分析工具可以分析国民平均收入与教育支出的关系,国民平均收入变化与大学生消费的变化关系等。

9.2　MATLAB 的应用

MATLAB 是一种科学计算语言,自从问世以来得到最为广泛的应用,其特点是操作简单,功能强大,尤其是图形处理功能;MATLAB 作为科学计算语言与科技人员的思维方式和书写习惯相适应,而且人机交互性能非常好。在这里做一些简单的介绍和基本操作,完成一些基本运算。

9.2.1　MATLAB 基础知识

MATLAB 有两种工作方式:命令文件工作方式和命令交互工作方式,命令文件工作方式在这里不做介绍。命令交互工作方式的窗口有三个,如图 9-26 所示。

命令窗口的作用是:人机对话的主要环境,在命令窗口输入 MATLAB 命令,在命令窗口可输出运行结果。

命令窗口中的＞＞符号是输入命令的提示符,只能在提示符＞＞后面输入

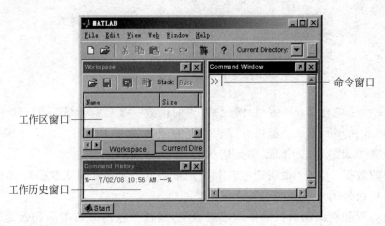

图 9-26　MATLAB 工作窗口

MATLAB 命令。

常用的 MATLAB 命令在表 9-4 中列出。

表 9-4　常用 MATLAB 命令

命令	含　义	命令	含　义
cd	设置当前的工作目录,系统的默认工作目录:"盘符:\matlab\work"	edit	打开 M 文件编辑器
clc	清除命令窗口中显示的内容	exit	关闭/退出 MATLAB
clear	清除 MATLAB 工作空间保存的变量	help	帮助
clf	清除图形窗口	which	查询给定文件所在目录
dir	列出指定目录下的文件和子目录清单		

工作区窗口的作用是：保存、编辑内存数据。

工作历史窗口的作用是：保存使用过的命令。

MATLAB 内部只有一种数据格式,即双精度数据(64 位二进制),对应于十进制有 16 位有效数和 ±308 次幂。

MATLAB 运算和存储数据采用双精度格式。

MATLAB 使用的字符集由英文字母(大小写共 52 个)、阿拉伯数字(0～9 共 10 个)和下划线组成。标识符中的第一个字符必须是字母。MATLAB 区分大小写字母,它认为大写 SIN 与小写 sin 或混用大小写字母的 Sin 是完全不同的字符。

MATLAB 中使用的变量和常量都代表矩阵,标量代表 1×1 的矩阵。在 MATLAB 中的每个元素可以是复数,复数的虚部用字母 i 或 j 表示,如 $k=3+4.5j$。虚部用字母 i 或 j 表示是 MATLAB 系统规定的,不再需要对字母 i 或 j 是虚部进行定义。

在 MATLAB 中变量实际上也是数组,只是该数组只有一个数组元素。

MATLAB 系统预先定义一些变量和运算符,这些变量和运算符在表 9-5 和表 9-6 中列出。

表 9-5　MATLAB 的预定义变量

预先定义变量	含　义	例　子
ans	计算结果的默认变量名	$\gg$3+4.5 ⏎ ans=7.5
eos	机器的零阀值	$\gg$1/eps ⏎ ans=4.5036e+015
Inf 或 inf	无穷大	$\gg$1/0 ⏎ ans=inf
i 或 j	虚部	$\gg$sqrt(−1) ⏎ ans=0+1.000i
pi	圆周率	$\gg$sin(30 * pi/180) ⏎ ans=0.5000
NaN 或 nan	非数	$\gg$0/0 ⏎ ans=NaN
realmax	最大正实数	$\gg$realmax ⏎ ans=1.7977e+308
realmin	最小正实数	$\gg$realmin ⏎ ans=2.2251e−308
nargin	函数输入变量数目	无
nargout	函数输出变量数目	无

表 9-6　MATLAB 表达式的基本运算符

运算	数学表达式	MATLAB 运算符	MATLAB 表达式	$\gg$3+5 ⏎ ans=8
加	x+y	+	x+y	$\gg$3−5 ⏎ ans=−2
减	x−y	−	x−y	$\gg$3 * 5 ⏎ ans=15
乘	x×y	*	x * y	$\gg$3/5 ⏎ ans=0.6
除	x÷y	/或\	x/y 或 x\y	$\gg$3\5 ⏎ ans=1.6667
幂	x^j	^	x^y	$\gg$3^5 ⏎ ans=243

9.2.2　MATLAB 基本运算

赋值运算是 MATLAB 的基本运算,赋值运算的格式是:变量＝表达式,这是标准的赋值运算的格式。在赋值运算时只写表达式也可以,运算的结果保存到 MATLAB 自动给出的临时变量 ans 中。

对变量赋值的方法一般采用下列三种形式进行:

直接赋值：　A=37　　　　　　　　　%给 A 变量赋值 37

　　　　　X=[30 pi/4 3+4.5j aqrt(exp(2))]

　　　　　　　　　　　　　　　　%给 X 数组赋值。共 4 个值,每个值都可以不同

冒号生成法：T=0:pi/100:4 * pi　　%给 T 数组赋值。产生 401 个元素值

　　　　　I=0:100　　　　　　　　%给 I 数组赋值。增量 1 可以省略。共有 101 个值

函数生成法：K=RAND(1,10)　　　　%给 K 数组赋值。共有 10 个随机数

　　　　　G=magic(5)　　　　　　%给 G 数组赋值。G 是 5 * 5 的数组,共有 25 个值

　　　　　J=ones(4)　　　　　　　%给 J 数组赋值。产生全 1 数组。共 16 个值

表达式由数学公式构成,给变量赋值时要注意表达式的"合法"性,如果变量不是标量

（1×1 的数组）而是数组形式，那么它的加、减、乘、除要符合数组的运算要求。数组的加、减、乘、除的运算要求数组是等长度的，它们的元素数量是匹配的，否则会出现错误而无法运算。

特别注意：数组乘与除的运算符要在乘号"＊"前加一个点"．"符号，表示进行点乘或点除，即数组元素对应进行乘除运算。

有数学公式：

$$y = \frac{\cos(3*t+4)}{\sin(4*t+3)}$$

求 $t=2$ 时的函数值。

从图 9-27 和图 9-28 中可以看出，在这道题中采用"点除"和"除"得到的结果是一样的，这是因为把变量 t 的值代入方程后，方程的分母和分子均是标量，所以用"点除"和"除"得到的结果是一样的。

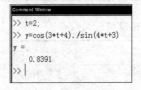

图 9-27　使用点除求解 y 值

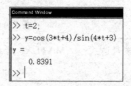

图 9-28　使用除求解 y 值

若把题目要求改写为：求 $t=0,1,\cdots,100$ 时的函数值。那么函数值 y 是一个数组，有 101 个数据。在这样的要求下只能采用"点除"运算，如图 9-29 所示。不采用"点除"导致的结果如图 9-30 所示。

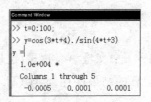

图 9-29　使用点除的结果

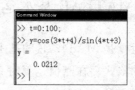

图 9-30　不使用点除的结果

计算表达式 $\dfrac{e^{0.5}+\sin 3^{0}}{4+\sqrt{5}-6*i}$ 的值并将结果赋给变量 y。

在 MATLAB 中描述表达式并计算表示图 9-31 所示。

如果在赋值表达式的最后面加一个分号"；"系统将不再输出表达式的运行结果。

图 9-31　描述表达式并计算结果

9.2.3 数值计算

1. 矩阵运算

已知矩阵

$$\boldsymbol{T} = \begin{bmatrix} 2 & -1 & 0 \\ 1 & 1 & 3 \\ 4 & 2 & 1 \end{bmatrix}$$

将矩阵数据输入到 MATLAB 中,如图 9-32 所示。

在方括号内出现的分号表示后面的数据从新的一行开始。

求矩阵 $\boldsymbol{T}$ 的转置矩阵 $\boldsymbol{T}'$,如图 9-33 所示。

求矩阵 $\boldsymbol{T}$ 的逆矩阵 $\boldsymbol{T}^{-1}$,使用函数 inv()求解矩阵的逆矩阵,如图 9-34 所示。

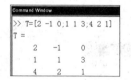

图 9-32　输入数据方法

图 9-33　显示转置矩阵 $\boldsymbol{T}'$

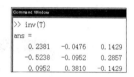

图 9-34　矩阵 $\boldsymbol{T}$ 的逆矩阵

求矩阵的秩,使用函数 rank()求解矩阵的秩,如图 9-35 所示。

求行列式的值,使用 det 函数求用矩阵 $\boldsymbol{T}$ 数据组成的行列式的值,如图 9-36 所示。

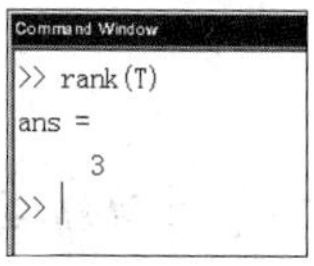

图 9-35　矩阵的秩

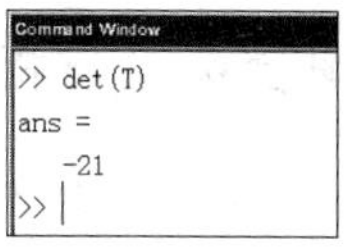

图 9-36　行列式的值

求解线性方程组

$$\begin{cases} 4x_1 + 2x_2 - x_3 = 2 \\ 3x_1 - x_2 + 2x_3 = 10 \\ 11x_1 + 3x_2 + x_3 = 8 \end{cases}$$

的解

$$\boldsymbol{A} = \begin{bmatrix} 4 & 2 & -1 \\ 3 & -1 & 2 \\ 11 & 3 & 1 \end{bmatrix} \quad \boldsymbol{B} = \begin{bmatrix} 2 \\ 10 \\ 8 \end{bmatrix}$$

方程的解 $x = \boldsymbol{A} \backslash \boldsymbol{B}$,如图 9-37 所示。

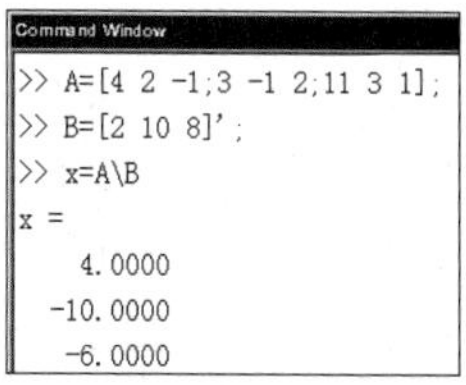

图 9-37　方程求解过程

2. 插值运算

实验测得在 25℃时乙醇溶液的平均摩尔体积 $\overline{V}$(单位:$cm^2 \cdot mol^{-1}$)与乙醇的摩尔

分子数 x 的关系如表 9-7 所示。

表 9-7 摩尔体积与摩尔分子数关系表

x	*V*	*x*	*V*	*x*	*V*	*x*	*V*
0.0891	21.22	0.2811	28.47	0.1793	24.32	0.4207	34.07
0.1153	22.16	0.3234	30.15	0.2068	25.57	0.4771	36.37
0.1543	23.18	0.3697	3.01	0.2424	26.95		

求 $x1=0.1,0.2,0.3,0.4$ 时的平均摩尔体积 V。

如图 9-38 所示，将 X 的数据写入数组 x，V 的数据写入数组 v，待插入的数据 0.1，0.2，0.3，0.4 写入数组 x1。

利用 MATLAB 提供的插值函数 interp1 进行插值运算，插值函数 interp1 使用格式

```
interp1(x,y,x1,method)
x: 横坐标原始参数点                  y: 纵坐标原始参数点
x1: 指定插值点的横坐标               method: 插值方法,默认插值方法是 linera
```

```
Command Window
>> x=[0.0891 0.1153 0.1453 0.1739 0.206 0.2424 0.2811 0.3234 0.3697 0.4207 0.4771];
>> v=[21.22 22.16 23.18 24.32 25.57 26.96 28.47 30.15 32.01 34.07 36.37];
>> x1=[0.1 0.2 0.3 0.4];
>> v1=interp1(x,v,x1)
v1 =
   21.6111   25.3364   29.2206   33.2339
```

图 9-38 插值运算

3. 曲线拟合运算与相关分析

根据表 9-8 所列的出口贸易总额的时序数据可以明显看到出口贸易总额是逐年提高的，那么这种数据的变化符合什么样的规律呢？使用曲线拟合运算可以找出数据变化的规律。

表 9-8 生产总额与贸易总额 亿元

年份	出口贸易总额(y)	国民生产总额(x)	年份	出口贸易总额(y)	国民生产总额(x)
1984	580.5	6962.0	1989	1956	15993.3
1985	808.9	8557.6	1990	2985.8	17695.3
1986	1082.1	9696.3	1991	3827.1	20236.3
1987	1470	11301.0	1993	4679.4	24036.2
1988	1766.7	14068.2	1993	5285.3	31342.3

曲线拟合的目的就是用一个已知的比较简单的函数去逼近一个复杂的或未知的函数。使用的已知函数的形式是一个多项式，也就是用一个多项式函数去逼近一个复杂的或未知的函数。现在需要解决的问题是如何确定多项式的系数，通过曲线拟合运算可以确定多项式系数，多项式的系数是一个向量。使用原始数据作图描述数据的随时间的变

化,如图 9-39 所示。

曲线拟合运算是先把贸易出口总额数据写入 y 数组中,把时间序列$(1,2,3,\cdots,10)$写入 d 数组中。确定用几阶多项式去拟合未知函数,一般采用 3 或 5 阶多项式,阶数越高拟合精度越高,但速度越低。采用曲线拟合函数 polyfit 进行曲线拟合。曲线拟合函数 polyfit 的格式是:$p=polyfit(x,y,n)$。其中,x 与 y 是两个等长的向量,在本例子中 x 代表时间序

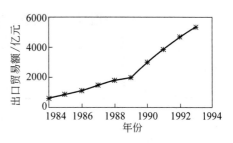

图 9-39　出口贸易总额趋势图

列 d 数组,y 表示贸易总额 y 数组,n 是多项式的阶数,p 是一个多项式。p 的长度是 x 向量的长度加 1。操作如图 9-40 所示。

```
Command Window
>> y=[580.5 808.9 1082.1 1470 1766.7 1956 2985.8 3827.1 4679.4 5285.3];
>> d=1:10;
>> p=polyfit(d,y,3)
p =
    -0.3733    55.4172   -37.5247   629.9300
```

图 9-40　计算多项式系数

使用 p 向量组成一个简单的多项式:

$$y=-0.377x^3+55.4172x^2-37.5247x+629.93$$

使用该多项式计算 $x=1,2,3,\cdots,10$ 对应的 y 的值,如图 9-41 所示。

```
Command Window
>> y=[580.5 808.9 1082.1 1470 1766.7 1956 2985.8 3827.1 4679.4 5285.3];
>> d=1:10;
>> p=polyfit(d,y,3);
>> Y=polyval(p,d);
>> plot([1984:1993],Y)
```

图 9-41　多项式计算新值

使用多项式计算的数据作图如图 9-42 所示,与图 9-39 相比,可以看出图 9-39 中的曲线明显不如图 9-42 中的曲线光滑,但两条曲线却非常相像,可以用后一条曲线的代替前一条曲线。原始数据的变化规律可以用多项式进行计算。

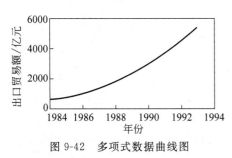

图 9-42　多项式数据曲线图

国民生产总额的变化规律由读者根据上述的方法自己进行计算和作图。

通过分析表 9-7 的数据能够得到国民生产总额的增加而贸易出口额也增加的结论,这种相关性到底有多少密切度呢? 在 9.1.6 节 Excel 相关处理中论述过,在这里用 MATLAB 提供的函数 corrcoel 计算两组数据的相关密切度,如图 9-43 所示。两条曲线的相关系数(密切度)为 0.979。

```
Command Window
>> x=[6962 8557.6 9696.3 11301 14068 15993 17695 20236 24036 31342];
>> y=[580.5 808.9 1082.1 1470 1766.7 1956 2985.8 3827.1 4679.4 5285.3];
>> corrcoef(x,y)
ans =
    1.0000    0.9790
    0.9790    1.0000
```

图 9-43　求解相关性

4. 积分运算

求解定积分数值解是比较花费时间的，被积函数越复杂或数值的精度要求越，那么工作量会加倍的提高。通过本例题求解积分数值解的过程，基本掌握解决积分数值解的方法。

已知积分式：

$$y=\int_{-4}^{4}\frac{1}{\sqrt{2*\mathrm{pi}}}\mathrm{e}^{-\frac{x^2}{2}}\mathrm{d}x \tag{9-9}$$

要求：求解积分数值解，画出积分面积，画出－2 到－1 之间的在整个积分面积中的所占面积。

写出被积函数的表达式

$$1/\mathrm{sqrt}(2*\mathrm{pi})*\exp(-(x^2/2))$$

使用积分函数 quad('1/sqrt(2 * pi) * exp(－(x.^2)/2)',－4,4)求解积分数值解，如图 9-44 所示。积分结果为 0.9999。

积分函数 quad 格式为：quad('被积函数表达式',积分下限,积分上限)。

使用积分函数 quad8 不但可以计算积分数值，还可以画出积分面积。其格式为：quad('被积函数表达式',积分下限,积分上限,计算精度,标识)，计算精度的默认值为 0.001。

使用积分函数“quad8('1/sqrt(2 * pi) * exp(－(x.^2)/2)',－4,4,0.0001,1);”，被积函数所围面积，如图 9-45 所示。

画出－2 到－1 之间的在整个积分面积中的所占面积需要分五个步骤完成。

```
Command Window
>> quad('1/sqrt(2*pi)*exp(-(x.^2)/2)',-4,4)
ans =
    0.9999
```

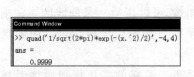

图 9-44　积分求解

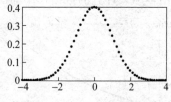

图 9-45　被积函数所围面积

第一步：将整个积分区域分割为若干个小区域，把分割积分区域的坐标值存入 x 数组。在本例中把积分区域分成 81 份，$x=-4:0.1:4$。

第二步：求被积分函数对应 x 的数值，$y=1/\mathrm{sqrt}(2*\mathrm{pi})*\exp(-(x.\hat{}2)/2)$。$y$ 是一个数组，与 x 数组等长度。

第三步：使用画图函数 plot(x,y)画被积函数所围面积图。操作步骤如图 9-46 所示，被积函数所围面积图如图 9-47 所示。

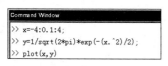

图 9-46　生成画图数据步骤

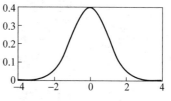

图 9-47　被积函数所围面积

第四步：计算 $x=-2$ 和 $x=-1$ 的 y 值

```
y1=1/sqrt(2*pi)*exp(-([-2:-1].^2)/2);
```

$y1$ 是一个有两个元素的数组，$x=-2$ 对应的 $y1$ 值是 0.053991，$x=-1$ 对应的 $y1$ 值是 0.24197。

第五步：使用填充函数 fill 把 -2 到 -1 之间的在整个积分面积中的所占面积填成黑色。

```
fill([-2:-1,-1,-2],[y1,0,0],'r')。
```

图 9-45 中的"hold on"命令的含义是保留当前图形，把后面要绘画的图形合并在当前图形中。

执行完在图 9-48 中显示的命令，产生如图 9-49 所示的效果图。

有关绘图的知识可参考有关书籍。

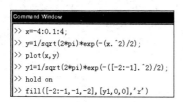

图 9-48　生成数据与绘图完整步骤

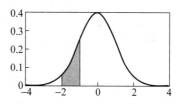

图 9-49　填充黑色图形效果图

参 考 文 献

[1]　刘卫国,陈昭平,张颖. MATLAB 程序设计与应用[M]. 北京：高等教育出版社,2002.

[2]　张志涌,徐彦琴. MATLAB 教程[M]. 北京：北京航空航天大学出版社,2001.

[3]　陈怀琛. MATLAB 及其在理工课程中的应用指南[M]. 西安：西安电子科技大学出版社,2004.

[4]　王士儒,等. 计算方法[M]. 西安：西安电子科技大学出版社,2004.

[5]　北京金洪恩电脑有限公司. 开天辟地 Excel XP 实例篇[M]. 北京：北京理工大学出版社,2003.

[6]　胡亮,杨大锦. Excel 与化学化工试验数据处理[M]. 北京：化学工业出版社,2004.